U0304568

从青蛙腿到泰坦尼克号……

一条线看懂人类技术

作者：［英］汤姆·杰克逊

绘者：［英］尼克·谢泼德

译者：秦彧

童趣出版有限公司编译　人民邮电出版社出版

北　京

图书在版编目（CIP）数据

一条线看懂人类技术 / 英国QED出版公司著 ; 童趣出版有限公司编译. — 北京 : 人民邮电出版社, 2018.5
ISBN 978-7-115-47862-7

I. ①一… II. ①英… ②童… III. ①科学技术—少儿读物 IV. ①N49

中国版本图书馆CIP数据核字(2018)第020758号

著作权合同登记号 图字：01-2017-9222

一条线看懂 人类技术

译　　者：秦　彧
审　　校：陈长水
责任编辑：何　况
执行编辑：翟国庆
美术设计：殷　玥

编　　译：童趣出版有限公司
出　　版：人民邮电出版社
地　　址：北京市丰台区成寿寺路11号邮电出版大厦（100164）
网　　址：www.childrenfun.com.cn

读者热线：010-81054177
经销电话：010-81054120

印　　刷：北京利丰雅高长城印刷有限公司
开　　本：889 × 1194 1/16
印　　张：5
字　　数：90千字
版　　次：2018年5月第1版　2019年8月第2次印刷
书　　号：ISBN 978-7-115-47862-7
定　　价：68.00元

目录

你知道吗？当泰坦尼克号沉没之时，幸存者之所以能够最终获救，是因为曾经有一个人让死青蛙的腿自行抽搐了起来。这件事听起来或许十分不可思议，让我们从头说起吧。

火花和闪电

它使得死青蛙的腿自行扭动起来，还使得琥珀放出火花。人们曾试着将它收进玻璃瓶，甚至还有人想利用它来使死人复活。我们最终把它变成了无形的波动，把我们的声音传遍世界各地。泰坦尼克号上的船员也因此才得以发出呼救声。它到底是谁？想要了解这些事情的真相，就沿着这条线读下去吧！

来自过去的灵感

我们对世界的认识一直在变化。我们如今知道的事物，与过去人们的所知并不相同。在将来，我们还会了解更多的东西。说不定，未来的人们会觉得我们的观点和我们眼中的古希腊学说一样荒唐。但是，新发现从来不会凭空出现，聪明的人常常能够从极其古怪的地方获得灵感。

神奇的电力

这条线讲述了人类如何弄清了电的本质，以及如何学会了用电来通信的过程。几个世纪以来，我们一直在利用“电”这种能量，用它来产生光亮，用它来开启Wi-Fi热点，用它来控制电子触摸屏，用它来发送消息。

我不知道！

在这条线上，你将学到：鲸的粪便被用来制作香水，电的名字源于树脂的化石，人们为了重现来自太空的宇宙射线而发明粒子加速器。在未来，我们还将学到什么？

这条线是从一场雷暴中开始的，它将把我们带向何方？让我们沿线出发，拭目以待！

电闪雷鸣，狂风暴雨

闪电是大自然最有威力的放电方式。和今天的我们一样，古代人也对闪电感到惊奇，甚至还会有点儿害怕。如果我们搞清楚闪电从何而来，或许就能利用它改变世界。有关闪电的事情，我们已经知道了不少！

7次雷击打不倒

罗伊·沙利文是一位美国尼亚州的公园护林员，在的工作生涯中，他曾经遭7次雷击。（他还被熊袭22次！）

带电和放电

当云层与地面分别积累了不同电荷的时候，闪电便形成了。巨大的电火花从天而降，瞬间就能让所有的电荷再次中和。电荷由一种叫作电子的微小粒子携带，不断旋转的气流使得电子在云中的某个地方聚集，云层便充满了电荷。又一波闪电就要来啦！

大自然的力量

每一秒钟，地球就会被44道闪电击中，一年会遭到14亿次雷击！一道闪电蕴含的能量，足够供一个电灯泡持续照明三个月。

脏雷暴

闪电并不是只出现在暴风雨中。从火山口翻滚而出的灼热烟雾和灰尘，也能酝酿出饱含电荷的云团，并且能形成壮观的闪电，这就是“火山闪电”，也就是人们所说的脏雷暴。

超音速

闪电会产生雷声。闪电把周围的空气加热成高温的等离子体，其膨胀的速度甚至比音速还快，它像超音速飞机一样产生声爆。于是，我们就听到了轰隆隆的雷声。

巨大的木星闪电

太空探测器曾经观察过其他行星云层中的闪电。在巨大的木星上，一道闪电的长度就能横跨整个英国！

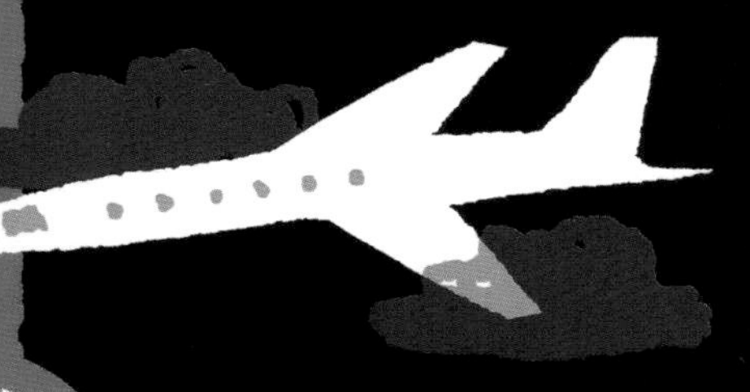

锯齿状闪电

空气的导电性并不是很好，因此闪电总是向着四周曲曲折折地前进，以便找到最容易穿透空气的路径，所以闪电看起来是锯齿状的。

沿线前进！

探索了好多个世纪之后，我们才对闪电有了比较全面的了解。最初，人们曾经认为闪电是因上天的众神发怒而劈到地面的。

雷神之锤

想象一下，如果你生活在2,500年前，“电”这个概念还不存在，而且没有任何人知道电子或等离子体这些词，你会认为闪电是怎样形成的？

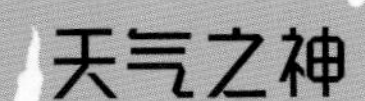

天气之神

在古代的印度，人们相信印度教的神灵因陀罗操纵着天气。他从天国降下雨露，庄稼才能茁壮成长。据说，因陀罗常骑着一头白象，以彩虹为弓，向他的敌人发射闪电。

来自锤子的火花

维京人认为彩虹是一座桥，能够通往雷神托尔及其他众神所在的世界。雷神挥动神锤，猛击之下就会产生闪电。轰鸣的雷声也来自托尔的神锤，因此人们用雷神的名字为雷声命名。

唐纳和布利森

圣诞老人住在靠近维京人故乡的拉普兰。他的两只驯鹿名叫唐纳和布利森，名字分别代表雷声和闪电。在一些故事中，唐纳和布利森就是红鼻子驯鹿鲁道夫的妈妈和爸爸。

第二次世界大战

很久以前，维京人使用“ϟ”符号代表雷神托尔的闪电。然而，在我们的记忆中，这个符号象征着在“二战”中占领了欧洲大部分地区的纳粹组织。

闪电战

二战时，德国用轰炸机对英国发动过闪电战。英国伦敦遭受了9个月的夜间轰炸，100万间房屋化为废墟，多达4万人丧生。“blitz”一词在德语中表示“闪电”，用来形容进攻的速度快如闪电。

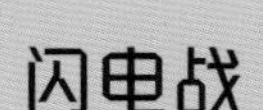

雷鸟

生活在北美洲部分地区的一些原住民部落，相信雷声是雷鸟扇动翅膀的声音。在西北太平洋地区，一些部落制作了描绘着雷鸟的图腾柱。传说，雷鸟能从眼睛里发出闪电，以此与生活在天上的恶蛇战斗。

沿线前进！

对于闪电的来历，古希腊人却不相信它是由神创造的。

被困的火焰

宙斯、阿波罗和阿佛洛狄忒等古希腊众神，其实都很像人类。他们彼此争斗不休，玩一些愚蠢的把戏。因此，古希腊的学者们在探寻闪电的来历时，无视了众神的存在，以科学的方式来解读闪电的来历。

火、土、气和水

古希腊哲学家认为世界由4种基本元素组成：火、土、气、水。他们认为闪电是被困在潮湿空气中的太阳之火。在一场暴风雨中，气、水和火全都彼此分离，分别形成了狂风、暴雨和闪电。

火之神

古希腊的恩培多克勒是第一个提出四大元素设想的人。他认定自己揭示了世界的奥秘，并执着地认为这将使他获得永生。为了证明这一点，他跳进了埃特纳火山，这是一座位于西西里岛的巨大火山。然而他的梦想没有实现，火山只是喷出了他的金属鞋扣。

第五元素

伟大的哲学家亚里士多德认为，地球周围的宇宙中充满了一种叫“以太”的第五元素。许多世纪以来，人们认为以太是存在的，这种元素被用来解释光线为何能通过空旷的太空传播。不过，阿尔伯特·爱因斯坦已经证明以太是不存在的。

沿线前进！

希腊哲学家们研究了一种惊人的材料——琥珀，这是一种奇怪的橙色石头，用它摩擦所产生的火花很像微小的闪电。

完美状态

以太（ether）的一个同义词是精质（quintessence），其本来的含义就是“第五”。这个词也用来形容某些事物能够达到完美的状态。

琥珀之路

这些橙色的石头就是琥珀，它本是树干上流出的树脂。这种黏稠的液体被深埋地下，最终变成了坚硬的岩石。古希腊人称它为“来自阳光的小水滴”。

鲸的粪便

琥珀一词源自古波斯语，本意是鲸的粪便！灰琥珀是一坨被冲刷到海滩上的蜡质物体。它产生于抹香鲸的胃中，偶尔会和抹香鲸的粪便一起排出。灰琥珀非常稀有昂贵，常常被加进最好的香水，赋予香水一种淡淡的甜香，因此人们更习惯叫它“龙涎香”。

被冻结的时光

一些最珍贵的琥珀里包裹着昆虫和蜘蛛。这些虫子被当年的树脂淹没，历时亿万年不曾变化。据说，科学家有可能从这些化石虫子甚至从被它们吮吸的恐龙血液中提取出DNA。然而，DNA是非常脆弱的物质，会随着动物的死亡而分解。

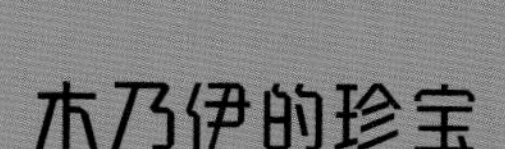

珠宝贸易

琥珀已经在人类的饰物上使用了数千年。在欧洲的波罗的海和北海附近，琥珀被采集者们收集起来，随后被商人们沿着一条叫作“琥珀之路”的商路运送到南方。

木乃伊的珍宝

古埃及最著名的法老图坦卡蒙下葬的时候，戴着用大颗琥珀珠子制作的珍贵首饰，这些琥珀来自遥远的波罗的海。

那是电击！

我们可以用琥珀做一些非常奇怪的事情。如果用布擦拭琥珀，它就能吸引羽毛、头发和灰尘等很轻的东西。琥珀甚至会释放火花！到了16世纪，人们发现是电引发了这些现象，“电”的英文单词就源于希腊语中的琥珀。

沿线前进！

琥珀并不是具有这些带电特性的唯一物质，硫黄也一样，传说这是一种来自地狱的物质！

生成静电

1661年，德国发明家奥托·冯·居里克做了一个实验，他把硫黄球插在一根木棍上，用手旋转硫黄球，就能让它带电。

摩擦机器

奥托·冯·居里克发明了世界上第一台静电发电机。它利用摩擦所产生的能量使物体带电，这和雷暴云产生电的原理一样——静电是由电荷积累而成的。电荷会保持静止，当它找到一条释放路径的时候，就能生成电火花。

奥托·冯·居里克
（1602—1686）

飞舞的羽毛

奥托·冯·居里克发现硫黄球也可以吸引物体之后，还发现如果一片羽毛被吸在圆球上，再次转动圆球就可以让它重新飞起来。这说明电既可以使物体相互吸引，也可以使物体相互排斥。

电击的真相

和奥托·冯·居里克的装置一样，当你用鞋子摩擦地毯的时候，你的身体也会带电。一旦触摸金属物体，释放出的电荷会给你一个小小的电击。

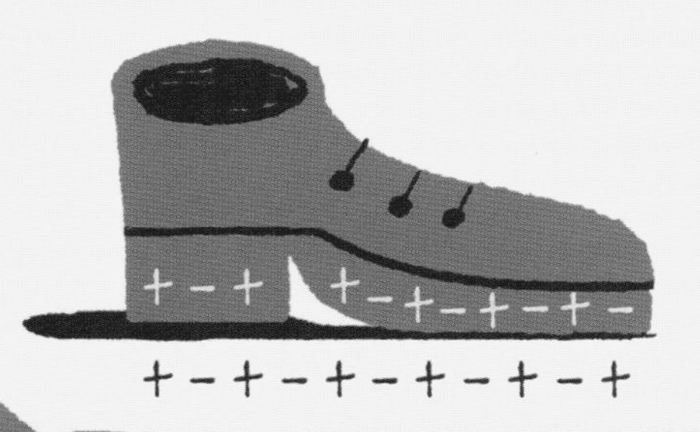

烧起来了

摩擦还能使得物体变热，如果你把双手放在一起搓动，摩擦所产生的热量会让它们暖和起来。空气同样会与其他物体发生剧烈摩擦。由于舱体和大气的摩擦，在重返地球的过程中，太空舱外的温度会高达1,600摄氏度。一名宇航员描述了穿过大气层时的感受：“就像躲在一个正穿过瀑布的桶里，但是桶在熊熊燃烧。”

火和硫黄

硫是少数能以单质状态存在的化学元素。在火山的四周，可以找到散发着刺鼻气味的成块硫黄。硫的另一个名字是“燃烧的石头”。硫黄燃烧的时候会熔化成血红色的液体，所以古代人认为硫黄是来自地狱的火。

鞭炮

与硝石和木炭一样，硫黄也是火药的三大成分之一。中国古代的炼丹家偶然发现了火药，当时他们正在寻觅一种包治百病的灵丹妙药。

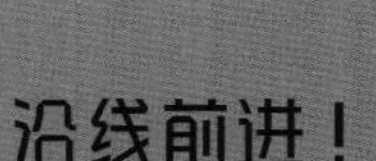

沿线前进！

后来，英国科学家弗朗西斯·霍克斯比仿制了奥托·冯·居里克的机器，他用一个玻璃球代替硫黄球。这个机器没有产生电火花，却在黑暗中发光了！

发光的玻璃

弗朗西斯·霍克斯比曾经在英国皇家学会工作，这是一个由英国顶尖科学家组成的社团。他的工作是为当时的大科学家们演示最新实验。1705年，他发明了世界上第一个灯泡。

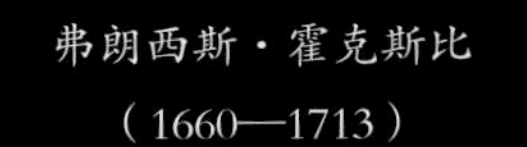

弗朗西斯·霍克斯比
（1660—1713）

空瓶子

起初，弗朗西斯·霍克斯比对奥托·冯·居里克的另一个发明更感兴趣——能从物体中抽出空气的泵。弗朗西斯·霍克斯比用泵抽走了一个空心玻璃球中的空气，以便研究玻璃球里除了空气还有哪些东西。

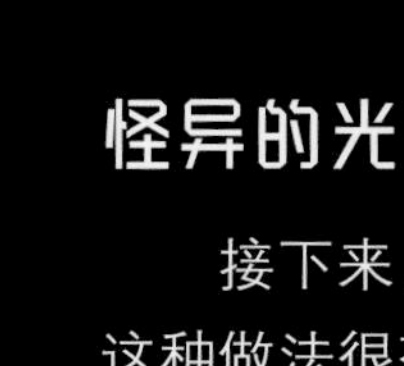

怪异的光

接下来，弗朗西斯·霍克斯比用真空玻璃球代替硫黄球生成电荷。这种做法很有效，不过弗朗西斯·霍克斯比还注意到这台机器的其他成果。在一次夜间演示中，弗朗西斯·霍克斯比试用了自己的装置。他熄灭了全部蜡烛，在黑暗中把手放在带电的玻璃球旁边。中空的玻璃球从内部开始发出蓝光，怪异的光芒先从弗朗西斯·霍克斯比的手附近出现，随后便扩展到整个玻璃球！

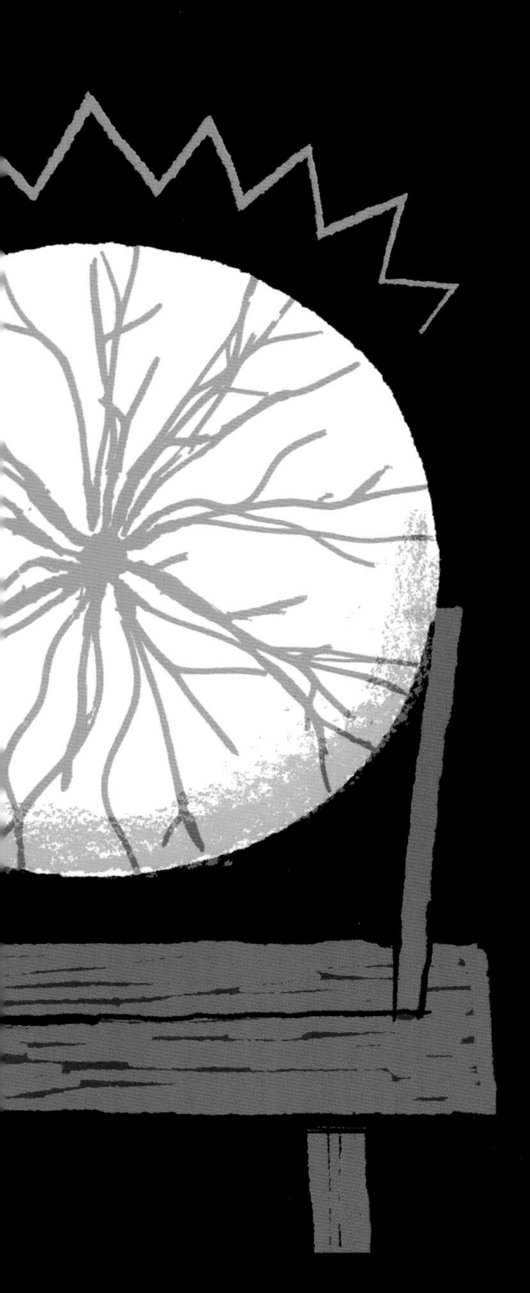

圣艾尔摩之火

或许水手们已经认出，弗朗西斯・霍克斯比装置里的光芒就是圣艾尔摩之火。这是一种十分古怪的紫色光芒，在暴风雨天气时出现在船的桅杆顶端。

等离子体

等离子体是物质的第四种状态，其他三种状态是固态、液态和气态。如果你把一块固体加热，它会先变为液体，然后变为气体。在那之后，气体原子将会被电离，形成等离子体。太阳是一个硕大无比的等离子体的球体，一颗划过天空的彗星可以拥有一条长达5亿千米的等离子体尾巴！

这是魔术！

发光是由于玻璃球中的少量剩余气体带电并转变成等离子体。不过，当时没有人知道这一点，很多人认为这纯粹就是一个魔术！

沿线前进！

弗朗西斯・霍克斯比的发明获得了巨大的成功，随之出现了电气技师这种新兴的表演职业。电成了一种能在聚会上表演戏法的道具！

一个带电的吻

电气技师们开始在居民住宅中使用弗朗西斯·霍克斯比发明的静电发电机。可他们和今天的电气技师毫无相像之处。18世纪的电气技师是一位表演者，致力于向观众展示电的惊人威力。

一位电气技师甚至能让客人的美酒燃烧！

晚餐后的乐趣

最好的晚宴应该有一场电气技师表演。电气技师会用丝绸手帕擦拭一根玻璃棒，像变魔术一样让桌子上的羽毛飞起来。他还用静电发电机使自己带上静电，然后给宾客们轻微的电击。

银质的勺子

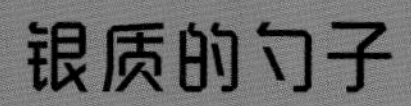

在18世纪之前，英国人用刀子分割食物，并且用手指或勺子将食物送进嘴里。然而，用木头或铜等金属制成勺子会让食物的味道变差，只有昂贵的银匙不会导致食物变味（如今做勺子的那种钢材，当时还没有被发明出来）。

如果你来自一个富裕家庭，你就是“含着银勺子出生的人”。

爱的电火花

让一位女士站在一个玻璃腿高脚凳上是最受欢迎的把戏之一。魔术师设法为她充电之后，会让这位女士的丈夫亲吻她。当她的丈夫凑近的时候，一个电火花会从她的嘴唇跳到她丈夫的嘴唇上，这是一个名副其实的“电吻”。

戴假发出门

18世纪的英国晚宴非常隆重。每个人都穿得非常正式，无论男女都戴着用马毛制作的假发。为了防止虱子的滋生，他们剃掉了真正的头发，戴上了假发，并且用香粉保持假发的清洁。

沿线前进！

科学家们对魔术表演不感兴趣，他们想知道更多关于电的知识。18世纪30年代，一位英国教师决定把一位小男生挂在天花板上，以此来开展自己的研究！

飞翔的男孩

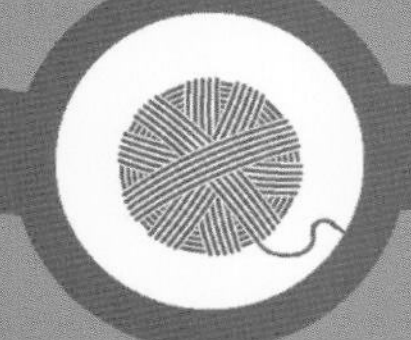

斯蒂芬·格雷的第一份工作是染匠，负责用化学品为上等布匹染色。在织布机上编织丝线的时候，那些相互因摩擦而产生的电火花总是让他十分着迷。

斯蒂芬·格雷
（1666—1736）

流动的电荷

斯蒂芬·格雷注意到，如果把东西贴在带电玻璃管上并逐渐延长，即使延长后的东西不直接接触玻璃管，电的效果也仍然存在。他用扭在一起的大麻纤维做了一条长达240米的缆绳，把缆绳挂在丝线上，发现电荷流过了整条缆绳，从一端到达了另一端。

离开大地

斯蒂芬·格雷必须确保带电物体不接触到地面。他做了一个木头吊篮，用丝绳把吊篮悬挂起来，请一位男孩躺了进去。然后，斯蒂芬·格雷用弗朗西斯·霍克斯比的机器给男孩充电。吊篮慢慢下降，靠近了洒满金箔的地面。金箔开始在男孩身边飞舞，先是粘在他的身上，接着又飞走了。

斯蒂芬·格雷把这个实验叫作“飞翔的男孩”。

来自蠕虫的原料

丝线来自蚕茧，蚕实际上是一种爱吃桑叶的蛾子幼虫。丝线既坚固又轻盈，是由中国人在大约5,000年前发明的。

电气秀

后来，斯蒂芬·格雷在一所伦敦的孤儿院当老师，为生活在那里的男孩们讲科学课，其中就包括电的知识。在课堂上，他和那些电气技师一样，用带静电的玻璃管吸引羽毛和金箔。

彩色电缆

今天的电线由斯蒂芬·格雷所说的“导体”和“绝缘体”制成。电线内部的铜线是承载电力的导体。为了防止发生漏电，电线的金属部分被绝缘塑料包裹起来。

沿线前进！

如果电是一种奇怪的液体，我们或许可以用瓶子或罐子将它们储存起来。

流动的液体

斯蒂芬·格雷认为电是一种看不见的液体，会从一个物体流进另一个物体。“飞翔的男孩”实验证明，某些物质可以传导电流，某些物质则会阻挡电流。

把电装进瓶子

18世纪40年代，人们只能收集到少量的电荷，而且它们很快就变成一个个小电火花，回归大地。后来，一个偶然的发现改变了这一切。

倾倒电荷

1745年，在荷兰莱顿市工作的科学家彼得·范·米森布鲁克试图把电“倒”进一个玻璃瓶。他把一根连接静电发电机的电线放进装满水的瓶子，把玻璃瓶放在绝缘蜡垫上，以防漏电。然而，什么事都没有发生。

彼得·范·米森布鲁克
（1692—1761）

玻璃

从大约5,500年前起，人类就用玻璃瓶存放液体。古埃及人发明了玻璃，他们把沙子熔化成黏稠、炽热的液体，在冷却之前捏成需要的形状。

更好的设计

改进版的莱顿瓶用金属代替了水。瓶子顶部有一根金属棒，连接着瓶中的链条，瓶子的外壁和内壁都覆盖着金属薄片。电荷可以在瓶里储存数周，用力摇晃瓶子，使金属棒与外壁接触，就可以放电。

猛力一击

彼得·范·米森布鲁克再次给瓶子充电时，忘了使用绝缘垫。碰到瓶子顶部的一瞬间，剧烈的电击把他弹了出去！万幸的是他活了下来，并且又勇敢地做了一次实验。不过，这次他用一根金属棒连接瓶子的外壁与瓶中的电线，结果产生了一个明亮的电火花。彼得·范·米森布鲁克的设备被称为“莱顿瓶”，这是第一个成功存储电的设备。

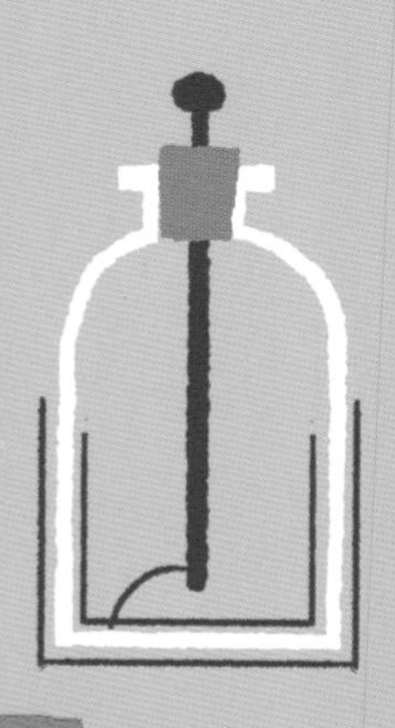

超大薄片

金属具有延展性，也就是说它可以被锤打或轧制成薄片。在所有金属中，黄金的延展性最好，1克黄金可制造出1平方米的超大薄片。如果我们把261克黄金轧成薄片，那它的面积相当于一个网球场，而它的重量约等于4个鸡蛋！

沿线前进！

人们花了许多年才弄清莱顿瓶的工作原理。今天，几乎所有的电气设备里都有类似莱顿瓶的部件。

火山玻璃

黑曜（yào）石是由火山喷发时形成的天然玻璃。它在破裂时会形成锋利的边缘，一些外科医生至今仍然使用黑曜石制成的手术刀给病人做手术。

充电

莱顿瓶是一种电容器。电容器的功能是存储电，然后一次性把电释放掉。手机、电子计算机（简称“计算机”，俗称“电脑”）和电视机里都有电容器，最新型的电动汽车拥有巨大的“超级电容器”。

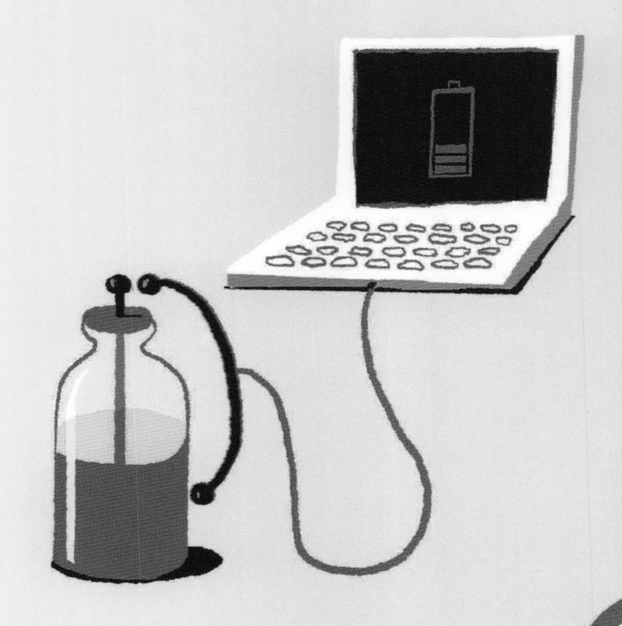

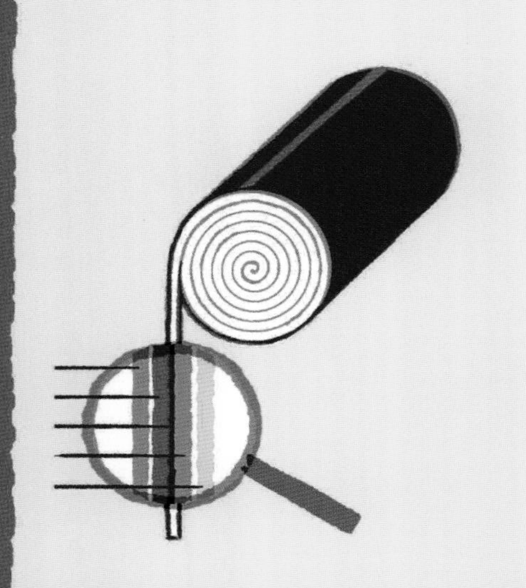

充电

电容器有两层导电材料，并且被一层绝缘材料从中隔开。早期莱顿瓶的内壁和外壁各有一层金属薄片，而现代电容器有两层金属薄片，被一层薄薄的塑料膜分隔，它们就像瑞士卷蛋糕那样紧紧卷在一起。

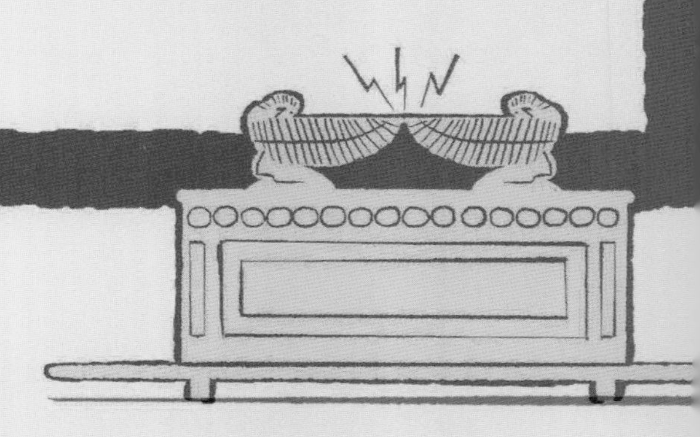

约柜会不会是一个原始的莱顿瓶？

电的力量

根据《圣经》的记载，先知建造了一个“约柜”，用来存放十诫。约柜是一个里外都包裹着一层黄金的木箱，听起来是不是很耳熟？传说约柜顶上的雕像之间跳动着闪电，任何触摸约柜的人都将必死无疑。或许每当沙漠中的热风呼啸而过，约柜就可以收集电荷，从而显示出如此惊人的威力。

说“茄子”

与电池不同，电容器通常可以快速释放电。例如，相机闪光灯需要在1秒内发出极其强烈的光，所以使用电容器供电。电容器需要花费几秒钟时间，才能从相机电池中获取电能并重新充满。在随后的拍摄中，这些电能又会在灯泡闪亮时被快速释放出去。

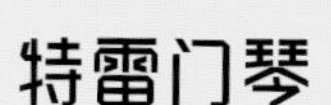

特雷门琴

发明于1928年的特雷门琴是最早的电子乐器之一，演奏者不需要触摸它就可以弹奏出奇怪的音乐。从乐器两端伸出的两根粗壮电线构成了电容器的一半，演奏者的手构成了电容器的另一半。演奏者只需移动双手就可以控制电容器中的电荷数量，从而改变音调和音量。

沿线前进！

尽管我们可以看到莱顿瓶的效果，然而没有人知道瓶子里究竟有什么。为了探究更多真相，一位法国科学家说服了200名僧侣来帮助他。

电击的速度

1746年，法国科学家让·安托万·诺莱痴迷于测量电流在物体中的传导速度。他将200名僧侣连在一起，结果每一个人都受到了电击。

让·安托万·诺莱
（1700—1770）

排队

让·安托万·诺莱认为莱顿瓶中的电流会从一位僧侣流向下一位，每位僧侣都会被强电击打得跳起来。200名僧侣排成一队，形成了一个长达1.6千米的导体。在最后一位僧侣感受到电流之前，会过去多长时间？僧侣们都拿着金属线，好让电流更容易在他们之间传导。他们排列成一个圆圈，让·安托万·诺莱可以轻易观察到第一位和最后一位僧侣遭受电击时的表现。

僧侣还是猴子？

有些僧侣穿着带有帽子的棕色斗篷，在意大利语中，这种衣服被叫作卡普乔。15世纪的时候，探险家们在南美洲发现了一种猴子，它们的头上有一簇棕色毛发。他们联想到了僧侣的帽子，于是这种猴子被命名为僧帽猴。卡布奇诺咖啡的名字有着同样的来历，早先，这个名词代表一种服饰。

光速

一根纯铜电线的电流传导速度仅次于光速，不过电流通过僧侣身体的速度要慢一些，大约相当于光速的一半。阿尔伯特·爱因斯坦于1905年指出，光速是整个宇宙的极限速度，电流的传播速度也不如光速快。

电击来啦！

令让·安托万·诺莱无比惊讶的是，这200个僧侣组成的导体一接触到莱顿瓶，就被电得同时跳了起来。电流流过导体一圈的速度是如此之快，以至于让人无法判断哪个僧侣最先跳了起来！

沿线前进！

让·安托万·诺莱的僧侣实验听起来像一个虚构的故事，但很可能是真的。另一个与电有关的历史故事也很有名，却几乎是编造的。

捕获闪电

本杰明·富兰克林是美国首批科学家之一，后来还跻身于美国国父之列。在17世纪50年代的主流观念中，闪电是大自然中的一个神奇奥秘，甚至是上帝的标志。然而，本杰明·富兰克林却认为闪电只不过是巨大无比的电火花。

思想实验

1750年，本杰明·富兰克林有了一个绝妙的想法。他认为一根连接莱顿瓶的金属高杆会在暴风雨中吸引闪电，闪电将像静电发电机那样为莱顿瓶充电。

本杰明·富兰克林
（1706—1790）

避雷针

本杰明·富兰克林的想法启发了避雷针的发明者。今天的所有高楼上都安装了避雷针，它可以将雷电引入地下。闪电通常会击中一片区域内的最高物体，这就是为什么当雷暴雨来袭之时，你绝对不能坐在大树下的原因。

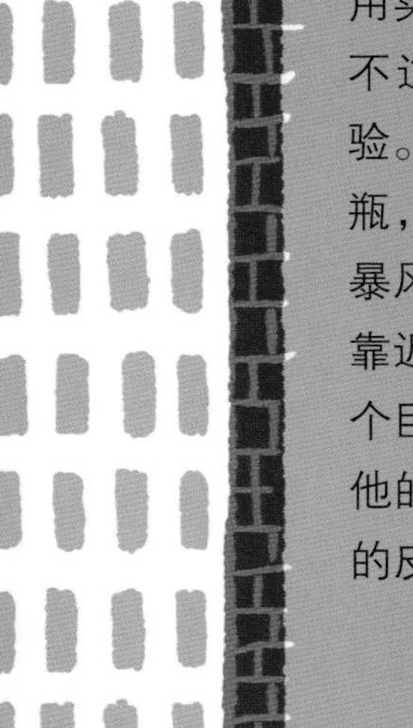

法国人的发现

本杰明·富兰克林从未用实验来验证自己的想法，不过布丰伯爵倒是做了实验。虽然他只用了一个空酒瓶，但是实验仍然成功了。暴风雨平息之后，一名助手靠近瓶子，突然，一个巨大的电火花跳到他的手上，烧伤了他的皮肤。

放风筝

在一个很流行的传说中，本杰明·富兰克林曾经用一把悬挂在风筝上的钥匙吸引闪电。如果这件事真的发生过，本杰明·富兰克林会被电死。这个故事可能并不完全真实，他或许用钥匙收集过空气中正在生成的电荷。

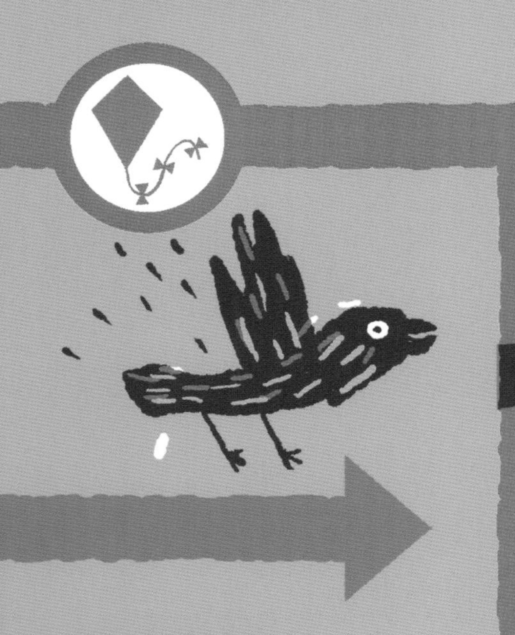

一个新词

本杰明·富兰克林发明了电池一词，意思是“电的仓库”。他的灵感来自于几个连接在一起的莱顿瓶，它们看起来像是“一排”加农炮。

聪明的家伙

布丰伯爵还测量过地球的年龄，而且是第一个认为动物曾经演变成新物种的人，这个理论的提出比查尔斯·罗伯特·达尔文早了100年！现在，他的大脑被收藏于巴黎自然历史博物馆一尊雕像的底座中。

沿线前进！

就这样，本杰明·富兰克林揭示了电在自然中的运作方式。另一位科学家很快证明，电也能在我们的身体内部起作用。

从死青蛙到生命力

17世纪80年代，意大利医生路易贾·加尔瓦尼指出，电的有趣之处并不仅仅在于火花和闪光。他发现，电似乎也出现在动物的身体中。

路易贾·加尔瓦尼
（1737—1798）

活泼的青蛙

一天，路易贾·加尔瓦尼正在解剖一只死青蛙。他用金属钩把蛙腿固定在桌子上，没想到他的刀意外地碰到了钩子。电火花一闪而过，死青蛙的腿居然动了！路易贾·加尔瓦尼把死青蛙的腿挂在连接着避雷针的金属栅栏上，试着重现刚才的现象。他猜想一道闪电会让死青蛙的腿动起来，然而闪电没出现，死青蛙的腿却照样抽搐个不停！

电流

路易贾·加尔瓦尼意识到钩子和栅栏分别由两种不同的金属制成，这为电流的生成提供了必要条件。他做了一根弧形金属杆，这根金属杆一头是铜的，另一头是铁的。当杆子两头都与死青蛙的腿接触的时候，金属杆就和死青蛙组成了电路，电流流过死青蛙，使得蛙腿抽动起来。

路易贾·加尔瓦尼用的弧形金属杆触碰死青蛙的时候，死青蛙就和弧形金属杆形成了一个电路。

电人的鱼

自古以来，渔夫们一直很害怕能放电的鳗鱼和鲇鱼。早在路易贾·加尔瓦尼解剖死青蛙之前，其他科学家就发现这些鱼能够放电并给人造成刺痛的感觉。

鲇鱼统治者

那尔迈是埃及最早的法老之一。为了表现自己的强大，他使用电鲇作为自己的标志。此后，每个人都对那尔迈唯命是从！

那尔迈法老的鲇鱼标志

沿线前进！

路易贾·加尔瓦尼宣称电是所有动物的生命力之源。有些人则想知道电能否使人死而复生……

僵尸

路易贾·加尔瓦尼有一个名叫乔瓦尼·阿尔迪尼的外甥。乔瓦尼·阿尔迪尼游历过欧洲的大城市，为人们展示了他舅舅发现的生命之电。他的表演激发了许多人的想象力。

巨型怪物

电可以创造生命，这个观点成为著名科幻小说《弗兰肯斯坦》的灵感来源。作者玛丽·雪莱写到，一位医生把尸体各部位缝合在一起并创造了一个怪物，然后用一道闪电赋予它生命。

有名的老妈

玛丽·雪莱是世界首批知名女作家之一，她的母亲也很有名。玛丽·雪莱的母亲名叫玛丽·沃斯通克拉夫特，她花费了毕生精力去追求男女平等。

死而复生？

在1803年的伦敦，乔瓦尼·阿尔迪尼从监狱得到了一具尸体。他用电刺激尸体，尸体突然眨了眨眼，脸上还做出可怕的表情。这一幕把台下的观众全吓坏了！

科学怪人的猫

德国科学家卡尔·魏因霍尔德用金属混合物代替了一只死猫的大脑。他认为金属产生的电能让猫四处走动，然而没有人相信他。

被电力驱动的人们

弗兰肯斯坦的怪物是编造的，然而多亏了电，今天的数百万心脏病患者才能活命。他们的体内安装了一种叫“起搏器”的微型装置，起搏器可以根据患者的情况给予电流刺激，让他们的心脏更好地跳动。

起搏器大约有火柴盒那么大。

沿线前进！

亚历山德罗·伏特发现了一种与动物毫无关系的电流产生方法。他发明的电池，将再一次彻底改变世界……

一个电堆

意大利化学家亚历山德罗・伏特并不认为电是一种特殊生命力，他证明了用其他方法也能生成电。

有味道的线索

有一次，亚历山德罗・伏特把一枚铜币和一枚银币一起放在舌头上，这时他觉得舌头有些轻微的刺痛，亚历山德罗・伏特说这是微弱的电流导致的。

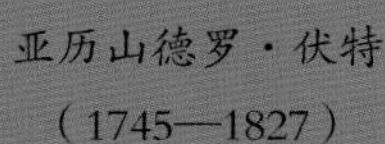

亚历山德罗・伏特
（1745—1827）

舌头的传言

你可能听说过，舌头的不同部位对味道的感受各不相同。舌尖对甜味敏感，舌根对苦味敏感，舌头两侧对咸味和酸味敏感。其实，整个舌头都可以感知任何一种味道，包括被称为第五种味道的鲜味。

印象深刻的皇帝

亚历山德罗·伏特的电堆是第一个被称为“电池”的东西。当时，拿破仑是欧洲的统治者，亚历山德罗·伏特向拿破仑展示了自己的发明。拿破仑对这个发明印象十分深刻，于是将亚历山德罗·伏特封为伯爵。

现代电池

今天的电池是用锂化合物制造的，这些化学物质来自南美洲的一些盐沼。玻利维亚的乌尤尼盐沼是世界上最大的盐沼，也是地球上地势最平坦的地方。

制作电堆

亚历山德罗·伏特把许多浸泡在酸液中的金属圆盘堆叠起来，生成了大量的电。酸在金属之间形成化学连接，使得电流通过整个金属堆。亚历山德罗·伏特用电线连接电堆的顶部和底部，不同于一闪而过的电火花，他的电堆产生了连续的电流。

沿线前进！

亚历山德罗·伏特的电池改变了世界，它将为人类带来电灯、电热器和电动机。不过，电池最开始是被用来分解分子的。

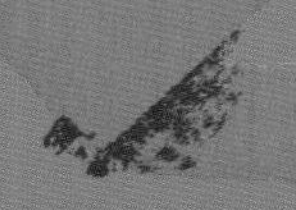

分解物质

1808年，自负的英国年轻科学家汉弗莱·戴维制造了一个世界上前所未有的大电池。这个电池被安装在英国皇家科学研究所的地窖里，这个大电池的电力是伏特电池的800倍。

汉弗莱·戴维

（1778—1829）

笑气

汉弗莱·戴维因为研究“笑气”而出名。这种气体其实是一种氮氧化合物。当汉弗莱·戴维吸入笑气之后，他变得全身麻木并且开始傻笑个不停。笑气成为世界上第一种可吸入的止痛剂，医生们现在仍然用笑气给病人止痛。

弧光灯

汉弗莱·戴维的巨大供电设备能够产生非常壮观的效果。汉弗莱·戴维在电池的每一端连接上粗大的石墨导线，然后让导线彼此靠近。突然，一道耀眼的弧光将导线之间的缺口填满了，就好像一道似乎永不停息的闪电。这个装置被命名为弧光灯，是世界上第一种电气路灯。

化学的拓展

汉弗莱·戴维知道电流能让化学反应发生逆转。水由氢气和氧气化合而成，电却可以让水重新分解成两种气体。汉弗莱·戴维也在石灰和钾碱等其他原料上使用了这项技术，从而揭示了这些物质由一些未知元素构成，其中包括钠、钾、钙和氯等。

汉弗莱·戴维的巨大电池由数以百计的铜板和锌板组成。

水很脏！

氯被用来给水消毒，并且让游泳池带有独特的气味。这种气味表明氯正在发挥作用：气味越强烈，水就越肮脏！

戴维灯

以前，矿工油灯冒出的火焰在接触到煤层泄漏出来的瓦斯后，常常会发生剧烈的爆炸，威胁矿工们的生命。汉弗莱·戴维发明了带有铜板的安全灯，可以防止火焰从油灯里冒出来。这个发明让汉弗莱·戴维成为矿工们心中的英雄。

沿线前进！

汉弗莱·戴维以惊人的实验闻名于世，他是世界上第一位明星科学家。下一个伟大的电学发现，将会在一堂课上问世。

当电遇到磁

我们已经知道，电只是电磁学中的一部分内容，电磁学所包含的内容要更广泛。电、磁和光、热，以及许多无形的射线都是电磁学研究的内容。它们之间联系的达成完全是偶然的。

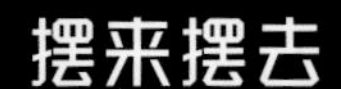

摆来摆去

1820年，丹麦科学家汉斯·克里斯蒂安·奥斯特向学生演示电流如何使得导线发热发光。他的桌子上碰巧摆着一个罗盘。在演示的过程中，每个人都看到指针向带电导线的方向摆动。汉斯·克里斯蒂安·奥斯特就这么发现了电与磁的关系——电流使物体带有磁性。

英雄金属

磁铁一词源于一个叫美格里西亚的古希腊王国，那个地方到处都有磁石带，那里的岩石带有天然的磁性。

这种发电机现在被称为法拉第轮。

发电机

既然电能生磁，那么磁也能生电吗？1831年，迈克尔·法拉第用实验证明了磁可以生电。在磁铁附近移动一根导线就会产生电流，而且电流会通过这根导线。迈克尔·法拉第用旋转的磁铁产生了电流，从而建造一台与电动机相反的机器，这是世界上第一台电力发电机。

吉尔伯特的地球

科学家已经知道，地球是一个巨大的磁铁。这就是为什么罗盘总是指向北方，因为它们被地球的磁力吸引了。1600年，威廉·吉尔伯特弄清楚了这一点，他还是“electric（电的）”这个单词的引入者。

沿线前进！

当迈克尔·法拉第把电和磁联系起来的时候，其他研究者开始把目光转向电与光之间的联系。

马达男

汉弗莱·戴维和他的朋友威廉·沃拉斯顿认为，他们可以制造出一种引擎，使用电和磁来产生运动。不过，真正实现这个想法的人是汉弗莱·戴维的助手迈克尔·法拉第。1821年，迈克尔·法拉第做了一个简单的机器，他让一根电线绕着磁铁旋转。这个小机器就是世界上第一台电动机。

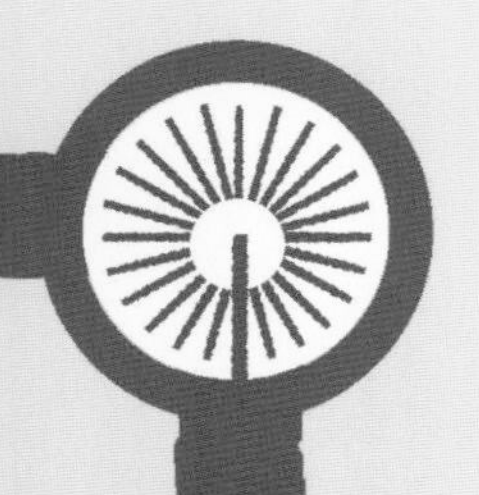

火焰和闪光

19世纪50年代，两位德国科学家开始研究光线和色彩，以及它们与各种元素之间的联系。一位科学家把元素灼烧，另一位科学家却给元素通电！

罗伯特·本生（1811—1899）

本生灯燃烧出容易分辨焰色的纯净火焰。

火焰检测器

罗伯特·本生因发明了实验室用的气体燃烧器而被世人所熟知。他发现用火焰灼烧不同化学物质的时候，它们会呈现出特定的颜色。其中，钾的焰色是紫色的，锂的焰色是红色的，镁的焰色是白色的。

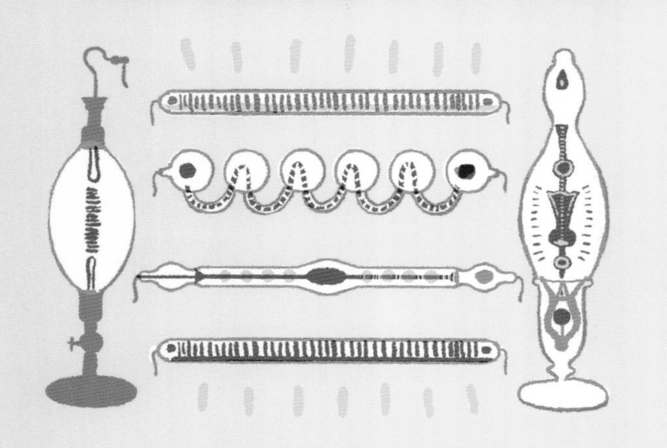

发光棒

大约在同一时期，尤利乌斯·普吕克做了一个不太一样的实验。他在一根空玻璃管中放入了少量的某种元素。如果给玻璃管通电，它就会发光，不同元素发出的光芒的颜色也不同。

颜色特征

从金到碳，每一种元素被加热到一定温度的时候都会产生独一无二的色彩。特定元素的原子可以吸收能量，当原子将能量再次释放出来的时候，就会发出彩色的光。这个发现开辟了量子物理学这一新的物理学分支。

太阳气体

天文学家们从阳光中分辨出了氢、钠及其他化学元素的特征颜色。1868年，诺曼·洛克耶看到了一种人们从没见过的色彩，这证明他发现了一种新元素！他引用了古希腊太阳神赫利俄斯的名字，把新元素命名为氦。

被拉长的光

通过观察来自恒星的光，天文学家们发现宇宙中到处都分布着我们熟悉的元素。不过，星光比我们预期的还要红。光波向我们传来的时候被拉长了，光线的色彩也因此偏红。这证明群星正在远离我们，换句话说，宇宙正在膨胀。

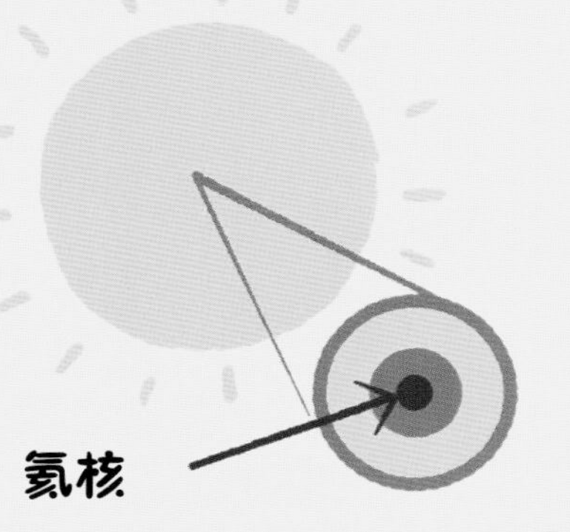

气灯

一根装有气体的玻璃管，就是当今荧光灯泡的雏形。玻璃管里的气体是汞蒸气，能发射出人们看不见的紫外线，灯泡内壁的涂层再将紫外线转化成可见光。

沿线前进！

一位美国发明家意识到，人们的生活将会越来越依赖电灯。他发明了另一种灯泡，这种灯泡改变了世界。

电流之战

发明家很快发现了一种更好的灯泡——白炽灯泡，这种灯泡利用炽热的灯丝发光。但是，如果没有供电线路，灯泡将毫无用处。著名发明家托马斯·爱迪生想出了一种方法，能让这些灯泡照亮整个城市。

托马斯·爱迪生
（1847—1931）

聪明的主意

托马斯·爱迪生知道如果无法供电，就没有人会买他的灯泡。所以，他的通用电气公司在纽约和其他城市建设了发电站，以便为这些灯供电。

直流供电

托马斯·爱迪生的供电系统利用地下电缆传输直流电，这种系统只能把电力输送到几千米之外的地方，必须建设许多座发电厂才能保证大面积供电。乔治·威斯汀豪斯的供电系统传输交流电，其电力输送距离远远大于托马斯·爱迪生的供电系统，只需一座巨型发电厂就能向四周的许多城镇供电。

阻碍电流

白炽灯泡为什么能发光呢？因为导线会阻碍电的传导，电流必须奋力通过导线或灯丝，在这个过程中，电流转化为光和热。

托马斯·爱迪生的电力系统很安全，但是效率不高。

供电竞争

在19世纪80年代，托马斯·爱迪生和乔治·威斯汀豪斯为了争夺客户而吵了起来，托马斯·爱迪生说乔治·威斯汀豪斯发明的电线非常危险。不过，乔治·威斯汀豪斯赢得了这场战斗的胜利，全世界至今仍然使用他发明的供电系统。

早期架空电线的绝缘效果不大好。

电刑

为了证明交流电有多危险，托马斯·爱迪生把它变成了一种刑罚——电刑。实验证明，电刑能够轻易杀死动物。这个实验促使了电椅的发明，这是一种用来处决罪犯的刑具。

直流电/交流电

电流既不是流动的气体或液体，也不是一种微小的粒子，而是一种能够通过金属传输的波动。直流电的电流波动总是沿着一个固定的方向传输，而交流电的传输方向会在一秒钟内前后变换上百次。

沿线前进！

实际上，交流电供电系统的发明并不是由乔治·威斯汀豪斯一个人完成的，它的另一个发明者是有史以来最聪明也是最神秘的发明家之一。

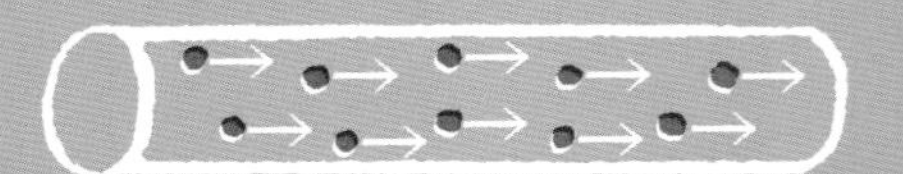

交流电可以向任一方向移动。

魔术大师特斯拉

我们至今仍在使用乔治·威斯汀豪斯发明的供电系统，但这项发明起源于塞尔维亚的天才发明家——尼古拉·特斯拉的一项发明。尼古拉·特斯拉后来陆续发明了许多超越时代的东西，有些至今依然超前。

大力推动

通过高压电缆，交流供电系统能将电力传输到数百甚至数千千米之外，这说明高电压对电流有着巨大的推动力。然而，高压供电是如此的强大，以至于会导致电视、洗衣机或计算机爆炸！因此，我们既要利用它，又要敬畏它。

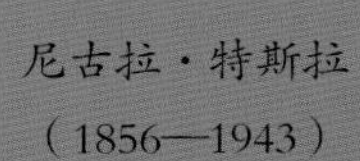

尼古拉·特斯拉
（1856—1943）

变压

尼古拉·特斯拉还发明了一种名叫变压器的电压控制设备。输送出电力之前，发电厂会先用升压变压器提高电压。向用户的家中送电的时候，降压变压器又会把高压电转换成合适的电压。

电源适配器

一些小设备上的大插头被称为电源适配器，它的任务是将交流电源转换为直流电源。它可以阻断任何来自错误方向的电流，因此只有直流电可以通过这个设备。

特斯拉线圈

尼古拉·特斯拉还发明了一种线圈，可以用来充电并生成壮观的人造闪电。1901年，尼古拉·特斯拉在纽约附近建造了一个巨大的线圈，并且用它向地下发送经过编码的电脉冲。他相信自己能够凭借这个线圈开发地球内部的天然电流，以此来建立一个通信系统。遗憾的是，这个设备没有发挥作用。如今，特斯拉线圈主要被表演者用来制造特殊效果。

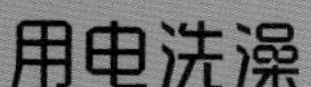

用电洗澡

根据高压电的特性，尼古拉·特斯拉还发明了一种不用水就能洗澡的“冷火”系统。想用奇妙的“冷火”系统洗澡，沐浴者要站在一块通有数千伏高压电的金属板上。沐浴者只要不触及地面，就是安全的。然而，沐浴者皮肤上的微生物就没那么幸运了，它们会被包围着沐浴者的一层电火花炸飞。

安全第一

即便是家中的低压电流也可能夺人性命，尤其是用潮湿皮肤触碰它的的时候更是危险。因此，在浴室和家中其他地方使用电器时，我们必须特别小心。

沿线前进！

尼古拉·特斯拉改变了世界，却不曾拥有幸福的生活，最终孤独死去并被世人遗忘。另一位伟大的科学家詹姆斯·克拉克·麦克斯韦也鲜为人知，有人称他为苏格兰的爱因斯坦。

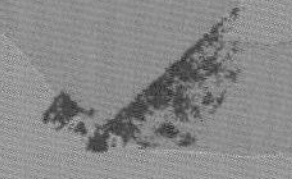

14岁的时候，詹姆斯·克拉克·麦克斯韦写了他的第一篇科学论文。到了24岁，他已经是一位大学教授了。这位有头脑的苏格兰人，将电、磁与光联系了起来，这堪称伟大的科学发现！

詹姆斯·克拉克·麦克斯韦
（1821—1879）

14岁的时候

7种色彩

艾萨克·牛顿最先把彩虹描述为红、橙、黄、绿、蓝、靛、紫7种颜色。他之所以在色彩中加入靛蓝，是因为他相信“7”这个数字具有魔力。在16世纪，橙色一词和橙子一起传入欧洲。在此之前，这种颜色被欧洲人称为 “黄红色”。

在红色的下方

1800年，威廉·赫舍尔将阳光分解成几种颜色的光，并且测量了各种色光的温度。他发现红光很热，然而红光之外的无色区域却更热。他发现的无色区域是一种不可见光，这种不可见光如今被我们称为红外线。我们的皮肤可以感受热量并察觉到红外线。

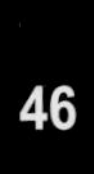

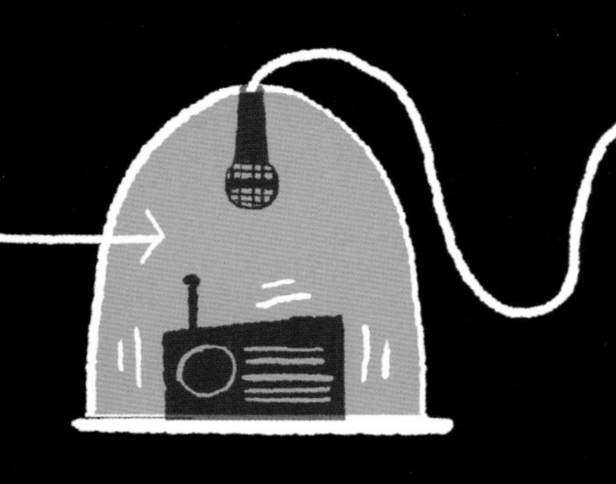

古怪的振动

为什么光能穿透真空传播，而声波却不能？这是19世纪的重大科学谜团。詹姆斯·克拉克·麦克斯韦认为，光波的振动十分古怪，它在电场中从一边振动到另一边，在磁场中却是上下振动的。

光速

詹姆斯·克拉克·麦克斯韦通过计算得出，光总是以相同的速度前进。人们无法理解这个结果——难道高速列车射出的光，不会比路灯的光移动得更快？阿尔伯特·爱因斯坦解释了时间会以什么样的方式减慢或加速，但是光的传播速度总是相同的！

测量颜色

我们用“波长”来测量各种波，有些光波的波长短得令人难以置信。我们通过分辨不同的颜色来判断不同的波长，红光波长较长，蓝光波长较短。詹姆斯·克拉克·麦克斯韦认为有些波的波长是我们的眼睛看不到的。

沿线前进！

在詹姆斯·克拉克·麦克斯韦阐述了他的想法20年之后，一位德国人依靠一股短暂起伏的电流冲击发送了一些不可见的波。这些波如今遍布我们的周围，有的正在空中呼啸而过，有的正在我们家中相互交错。

无线电波

你从来没听说过海因里希·赫兹？按理说你应该听说过的。这个德国人发现了无线电波，我们测量无线电波的时候，都会用他的名字——“赫兹”作为单位。

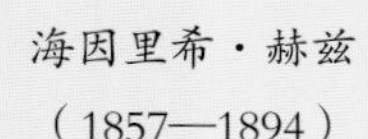

看不见的波

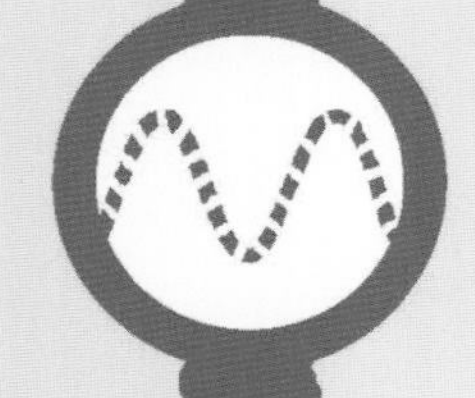

詹姆斯·克拉克·麦克斯韦曾经表示，电流通过导线的时候，会在导线的周围产生电磁波的波动。试想一下，如果电力足够强大，我们有没有可能像看见光一样看见这些波？为了验证这个猜想，海因里希·赫兹开始着手寻找这些波。

产生电火花

海因里希·赫兹用一个带电的电磁线圈让另一个线圈产生了电火花。令人惊讶的是，即便两个线圈之间没有导线连接，这个现象依然会出现。海因里希·赫兹认为，这一定是看不见的波在起作用。于是，他制作了一个新的机器，来尝试发射和接收这些波。

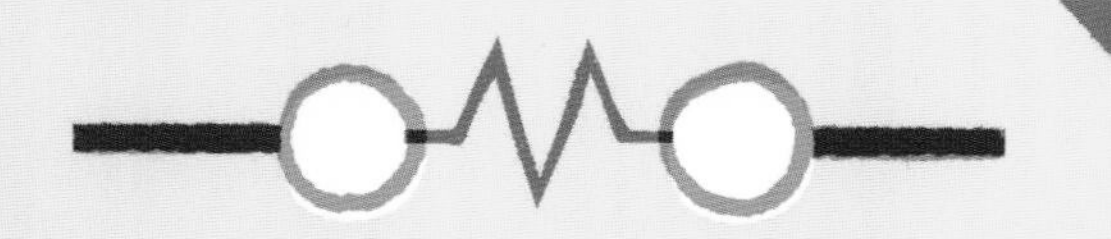

被人抢先一步

早在海因里希·赫兹之前，英国科学家奥利弗·洛奇就发现了无线电波。然而，他发现了无线电波之后就去度假了。当他回到家的时候，海因里希·赫兹已经因为这项惊人发现出名了。哎呀，被人家抢先啦！

微波

无线电波的波长在1毫米至100千米之间。波长较短的无线电波被称为微波，微波可以加热食物中的水分和脂肪，我们根据这个原理发明了微波炉。

宇宙微波辐射

1964年，天文学家们发现了来自天空的微波，它们都是宇宙大爆炸残余的微弱辐射！最初，超热的闪光拥挤在一个远小于现在的宇宙中。历经数十亿年的宇宙膨胀，这些波被拉长了，变成了波长较长的无线电波。

观察缝隙

带电导线彼此靠近之后，产生电火花的狭小空间被叫作“火花隙”，海因里希·赫兹和奥利弗·洛奇的机器都使用了“火花隙”。接收器的电火花非常微弱，海因里希·赫兹花费了将近一年的时间，在黑暗的房间里寻找微小的闪光。为了纪念他，这些不可见的波被命名为赫兹波，而今天我们叫它无线电波。

沿线前进！

许多人认识到利用无形的波进行交流的可能性。一位年轻的意大利人将成为人类走向无线世界的领路人。

向无线前进

19世纪90年代，用电流制造神秘的赫兹波是很容易的事情，但将它们转换回电流却很困难。如果可以破解这个难题，电波就能被用于一项令人震惊的新技术——无线通信。

古列尔莫·马可尼
（1874—1937）

在海上

由于没有森林和山脉的阻挡，无线电波在水面的传播效果最好。古列尔莫·马可尼的无线电报很适用于远洋班轮，可以在船舶之间或是向海岸发电报。

横跨大西洋的报警

1910年，一个名叫霍利·克里平的医生毒死了自己的妻子，随后乘船逃离了英国。然而船长认出了他，并且用船上的无线电设备呼叫了加拿大的警察。霍利·克里平一到达加拿大就被逮捕了，这是世界上的第一起国际刑事追捕案件。不过，近年来的DNA证据表明，霍利·克里平可能并没有杀害他的妻子。

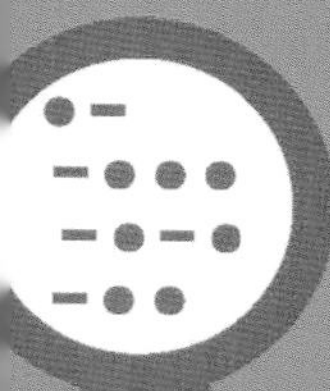

无线高手

许多工程师都尝试过利用无线电波建立通信系统。年轻的意大利人古列尔莫·马可尼为英国邮政建立了一套“无线电报”系统，他抄袭了其他人的系统，那个“其他人”又是可怜的奥利弗·洛奇！古列尔莫·马可尼发明的系统可以发送信号代码。1901年，他跨越3,400千米的距离，从英国向加拿大发电报。想做到这一点，无线电波必须沿着地球的曲率前进。

粒子加速器

宇宙射线的前进速度几乎和光速一样快。它们对空气的撞击极其猛烈，以至于能把原子撞碎。为了深入了解其中的原理，科学家们制造出被称为粒子加速器的巨大机器来重现这些碰撞。世界上最大的粒子加速器是坐落在瑞士的大型强子对撞机，它长达27千米，足以绕着一个国际机场转一圈。

带电的大气层

德国科学家维克托·赫斯乘着气球升入天空，他发现自己飞得越高，空气带的电就越多。这是因为来自太空的宇宙射线总是一刻不停地冲入大气，因此高空中形成了一个带电的大气层。古列尔莫·马可尼的信号被带电的大气层反弹，因而可以传遍全世界。

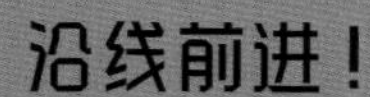

沿线前进！

多亏了无线通信，横渡大西洋的人们才不再被迫与世隔绝。一场海难将证明这一点是何等的重要。

营救泰坦尼克号

短-

1912年4月10日，远洋班轮泰坦尼克号从英国启航驶向美国。它是世界上航速最快、设施最豪华的船只之一，该船的设计师曾经吹嘘泰坦尼克号是永不沉没的！

收到警告

泰坦尼克号上安装了一台无线电系统。无线电信号员的主要工作，是为那些有钱的乘客发消息。当泰坦尼克号航行到加拿大附近的寒冷海域之时，他们收到了其他船只发出的危险警报。但他们忙于给乘客发送消息，以至于忽视了这些警报。

呼叫求救

4月14日夜间，泰坦尼克号撞上了冰山，并且开始下沉。无线电系统的操作员发出了求救信号，成为第一个使用“SOS”信号的人。当时有人说，这个信号代表了“救救我们的船（Save Our Ship）”或是“拯救我们的灵魂（Save Our Souls）”。事实上，人们之所以使用SOS作为求救信号，是因为它的信号代码非常容易发送与接收。信号的代码使用短点和长划的组合表示各个字母，SOS表示为：短-短-短-长-长-长-短-短-短。

24小时规则

自从泰坦尼克号沉没以来，很多国家的法律规定船只的无线电设备必须24小时开启。

遇险呼叫

国际上，“Mayday”一词在今天主要是用于呼救的。它的读音听起来像法语中的“救救我”，在无线电设备中很容易被听到。如果情况不是太危险，人们会使用“Pan-pan”进行呼救，这个词来自法语，意思是“出现故障”。

悲惨的后果

当泰坦尼克号开始下沉的时候，加州人号轮船距离它很近，甚至可以看到船上的灯光。然而，由于加州人号的操作员关闭了无线电设备，该船没有收到求救信号。几个小时之后，第一批救援人员终于到达。令人遗憾的是，此时已经有1,500人遇难了。但是如果没有这些无线电信号，将会有更多的人丧生冰海。

沿线前进！

泰坦尼克号的无线电设备使用简单的编码发送信息。与此同时，通过无线电波传送语音的竞赛也在进行。

晶体般的清晰

早期的无线电系统只能检测到简单的编码模式。想要实现语音传输，我们必须制造出更加精密的系统。

铁屑

早期无线电设备利用细小的铁屑收集信号。无线电信号产生的微小电流，能让铁屑全部聚集在一起。这些铁屑按照无线电信号发出的指示进行相应地移动，扬声器就会发出嗡嗡的蜂鸣声。

扬声器

扬声器把电流转换成空气中的波动，这些波动其实就是声音。扬声器的永磁体内部有一个电磁铁，来自无线电接收器的电流以极快的速度打开和关闭电磁铁，使得它被永磁体拉近或推远并产生摆动。摆动带动扬声器的锥体，从而振动空气并发出声音。

更好地振动

从20世纪开始，科学家们开始尝试用晶体代替铁屑。他们发现晶体的效果比铁屑好得多，足以传送语音和音乐。

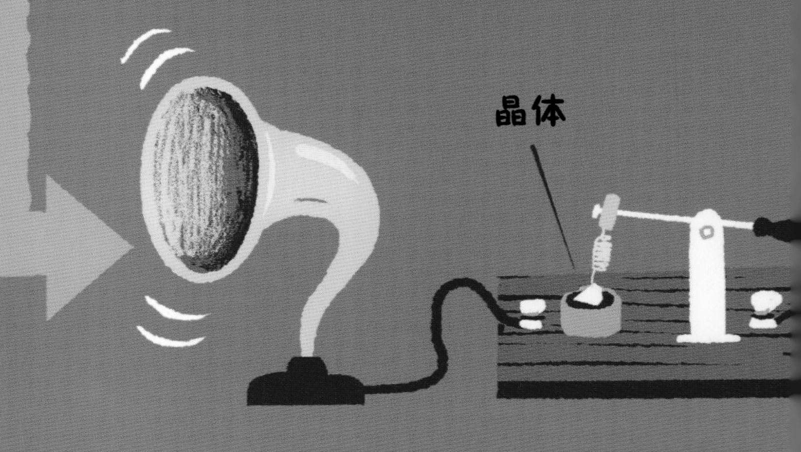

跨越大洋的对话

1915年，人们利用无线电技术，在美国与法国之间实现了第一次跨越大西洋的对话。

间谍电台

埃菲尔铁塔始建于1889年，1900年被改建成无线电台。在第一次世界大战中，尽管敌人远在千里之外，铁塔仍能接收到德国军队发出的信号。其中，法国人从一条被截获的消息中得知了一个令人震惊的秘密，巴黎著名的舞蹈家玛塔·哈丽居然是一名德国间谍。

半导体

无线电装置里的晶体是一种半导体，它们只允许一个方向的电流通过，而不允许另一个方向的电流通过，所以通过半导体的电信号总是清晰的。这些晶体都含有硅元素，硅现在被用来制作计算机和电话中的微芯片。

沿线前进！

当无线电系统强大到足以广播信号的时候，就意味着许多人可以同时接收信号。很快，无线电信号不再只用来传递声音。

世界各地的图像

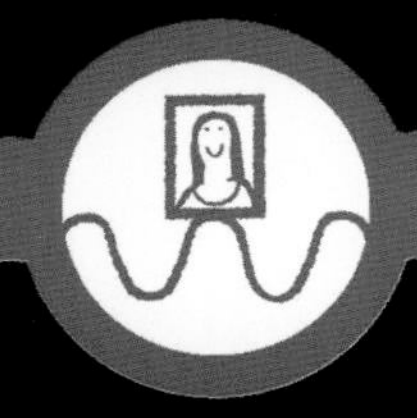

既然无线电信号可以传递声音，那可不可以传递图像呢？在20世纪初，许多发明家都提出过这个想法。

太空时代的电视

第一颗通信卫星回声1号于1960年被发射升空，它是一个和房子一样大的金属气球，用光滑的表面反射来自地面的无线电信号。到了1962年，无线电波在美国和欧洲之间传输了第一场电视直播，信号由新型的“电星”通信卫星发送。

比原子还小

1897年，约瑟夫·约翰·汤姆逊发现了电子并为其命名。他发现了一种能发光的“射线”，这种射线其实是一种带电的微小粒子流。他还计算出这种粒子比原子还小了数千倍，这种粒子就是电子，是最早被发现的亚原子粒子。

息。1926年，他用无线电设备传输了一张脸部的动态图象，随后将无线电信号重新转换成图像。他的图像非常粗造，由大约900个光点组成，而现代电视机中的图像有200万个光点！

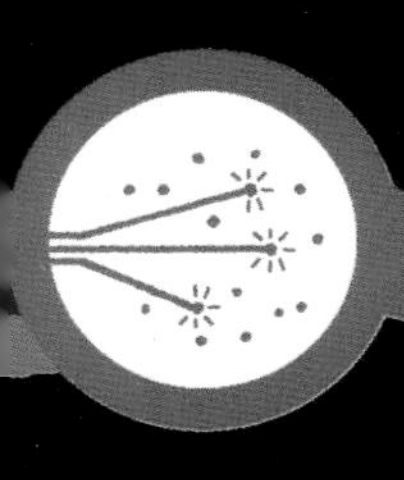

木偶时间

约翰·洛吉·贝尔德的摄
不能拍清楚真正的人脸。所以
第一个电视节目的主角是一个
偶，名叫史图基·比尔。

明亮的点

在20世纪30年代后期，电视机上使用了一种由英国人威廉·克鲁克斯新发明的显像管。显像管从后方向电视屏幕表面发射不停闪动的电子束，形成迅速变化的图案，于是屏幕上便显示出了动态图像。

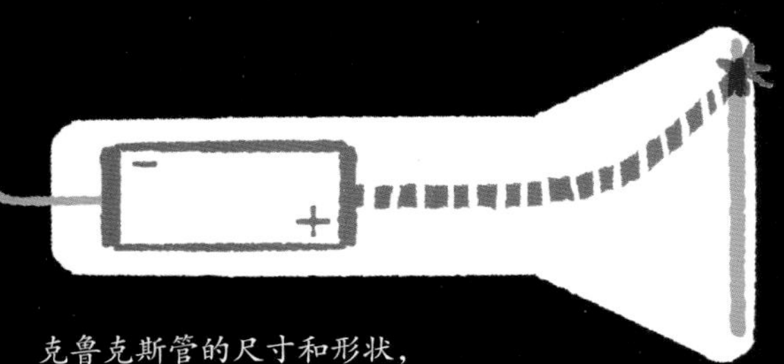

克鲁克斯管的尺寸和形状，
不可能用来制造平板电视。

沿线前进！

虽然用无线电传输的声音和图像能连接的人比以前多，不过在大多数情况下，我们更希望进行私人之间的谈话，这时候就需要一种非常不同的系统了。

地球的呼唤

从20世纪30年代开始，我们发出的无线电波就被泄漏到地球之外。然而，我们在太空中几乎无法检测到这些信号。1974年，科学家们发出了第一个特意为外星人设计的无线电信号，但我们至今还没有收到外星人的回应……

建立连接

1876年，亚历山大·格雷厄姆·贝尔不小心把酸泼到了自己身上，他需要正在另一个房间的助手帮助自己处理这个麻烦。他说："沃森，过来，我想见你！"这是亚历山大·格雷厄姆·贝尔对着最新发明的电话机所说的第一句话。

亚历山大·格雷厄姆·贝尔
（1847—1922）

下线

电话的意思是"遥远的语音"，亚历山大·格雷厄姆·贝尔发明的系统把语音转换为电流，通过导线传输并重新转换为声音。和发明史上的大多情况类似，他的系统并不是最早的。1861年，一位名叫约翰·赖斯的德国人用导线传输了自己的语音。为了测试系统，他说："马不吃黄瓜沙拉。"然而，只有他自己听到了这句话，因为线路上没有其他人！

光影电话

19世纪80年代，亚历山大·格雷厄姆·贝尔设想了一种自创的无线通信系统。亚历山大·格雷厄姆·贝尔的“光影电话”不使用无线电波（当时还没有被发现），而是用光束传输信息。声波会导致一面镜子振动，并且生成不停闪烁的光信号。这项发明毫无希望地失败了。不过，现代的光纤传输技术，与亚历山大·格雷厄姆·贝尔的设想倒是有几分相似。

操作交换机

早期的每一部电话，都必须直接连接到另一部。所以，那时候一个人会有好几部电话，用来分别连接不同的朋友。在1900年以后，所有人的电话都接入了本地的电话交换机。通过交换机，操作员将呼叫者转接到不同的线路上。有时候他们会把线路弄混，导致通话双方接线错误。直到今天，每当交谈双方互相听不懂的时候，其中一个人可能会说：“我们一定是串线了。”

第一句话说什么

亚历山大·格雷厄姆·贝尔认为用户接电话的时候应该说：“喂”。托马斯·爱迪生却建议说“哈喽”。打电话前说“哈喽”并不是一种寒暄，而是一种惊奇的表现。哈喽，真想不到！

沿线前进！

许多年以来，电话虽然变换出各种形式，但依然是我们最重要的通信设备。

嘟嘟响的拨号声

在19世纪20年代，电话号码终于诞生了。连接电话的系统通过调用一系列“咔嗒声”算出号码。比如，一次咔嗒声代表1，9次咔嗒声代表9，10次咔嗒声代表0……在不同次数的咔嗒声组合中，你的电话就接通了。

转动拨号盘

如今，虽然我们在“按”号码，但还是习惯说“拨”一个号码。这句话源于老式电话机上的拨号盘，那是一个标有数字的轮盘。想要拨号，你得把手指插进轮盘上一个标有数字的孔里，一直把轮盘转到停止点。松手之后，轮盘会转回来，产生一系列咔嗒声，来表示你所选择的号码。

保留下来的说法

除了“拨”号码，我们还沿用了很多老式电话的说法。比如，想结束通话，我们会“按”结束通话的按钮，但我们却说“挂”断了。这是因为早期电话的话筒挂在一个钩子上，挂好话筒后，电话就断线了。

区号

每一部电话的号码是唯一的，但最后一位数字会关联特定路线。前面的数字都是用来区别电话所属的国家、城市和交换机的，称为“区号”。在美国电影里，所有电话号码都以“555”开头，这是保留给虚构号码的一个假区号。

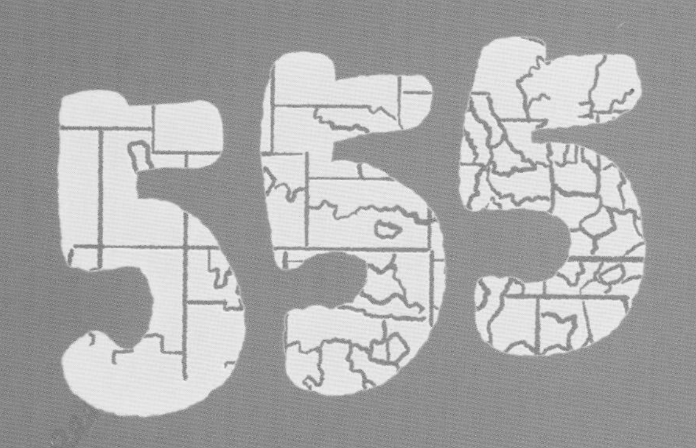

有些区号的覆盖范围特别大，而有些区号则要小得多。

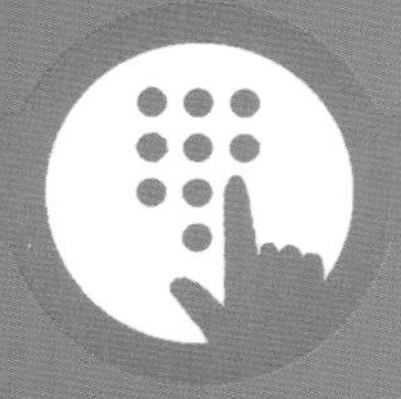

仔细听

一个电话的按键音由两个音符组成。较高的音符表示按键所在的行，较低的音符表示按键所在的列。所以，键盘上的12个按键都拥有独一无二的双音调。

按键音

1963年，按键电话横空出世。这种电话上有键盘，按下不同的键就会产生不同的音调，这取代了转盘电话烦琐的咔嗒声，使拨号变得快了许多，而且还增添了一点儿音乐感。

沿线前进！

如今，所有通信方式都数字化了，电话网络正是数字技术的“引领人”。

迈向数字化

当今的每一种通信方式都是通过数字化实现的。什么是数字化？简单来说，就是通过数字之间的转换来传递复杂的声、图、像。

模拟的世界

以前，我们的通信都是通过模仿大自然来实现的。例如，音乐的音符其实是一段有固定波长的声波，电或无线电信号也必须用同样的波长才能传输这个音符。如果遇到波长不一样的混合声波，也必须以相同的混合方式才能将它传输，这被称为模拟信号。

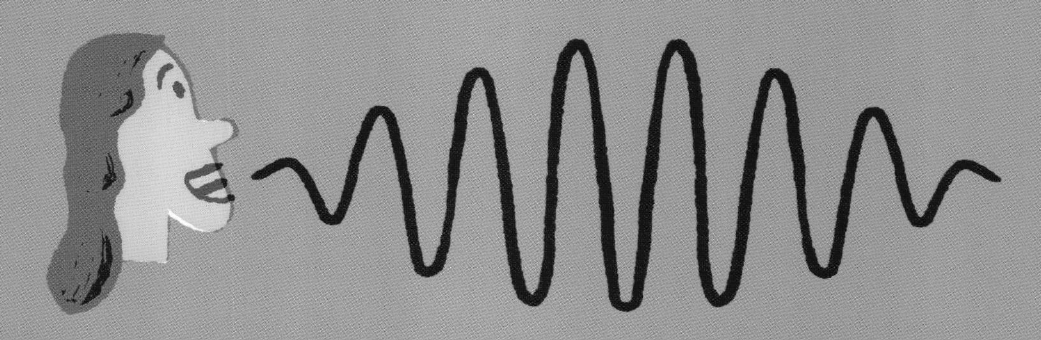

潮汐预报机

1872年，科学家用转轮、齿轮和杠杆制作了一个模拟机，来计算潮汐的时间。只要你一转动手柄，就代表了地球、太阳和月球的运动，机器就能生成高潮位和低潮位的时间。潮汐预报机的效果非常好，以至于被挪威海岸服务机构沿用了100年！

分解成小片段

数字信号将模拟世界分解成许多微小的片段，然后给每个片段一个固定值。要传送一个数字信号，你要把所有小片段的固定值都发送出去，并且要按照正确顺序组合起来。这和原始信号非常相似，但由于使用的信息较少，所以传输效率更高。

模拟信号

数字信号

开或关？

数字信号传输的不是普通数字，而是许多1和许多0。这些数字会向计算机内部的微小半导体开关发出命令。“1”命令开关开启，而“0”命令开关闭合。

一位数字

在数字信号中，一个数字被称为一位。早期的计算机一次编排8位，8位被称为1字节，4位被称为半字节。

0101110

沿线前进！

仅仅使用“1”和“0”的数字被称为二进制数，它们不仅能够发送信号，还能用来做出决策。

数字技术的故乡

世界数字技术的中心是美国加利福尼亚州的硅谷。1956年，一位名叫威廉·肖克利的发明家为了离母亲近一些而搬到了硅谷，随后在那里建立了世界首批微芯片工厂之一。

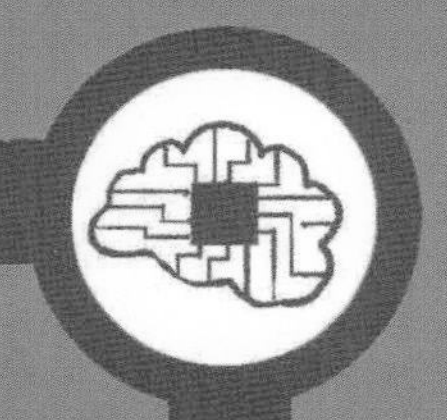

计算机、手机和平板电脑都要依靠数字技术才能工作，它们由数百万甚至数十亿个微小开关组成，这些开关被称为晶体管。每个开关仅仅能做两件事：开启或关闭。除此之外，它们没有中间状态。

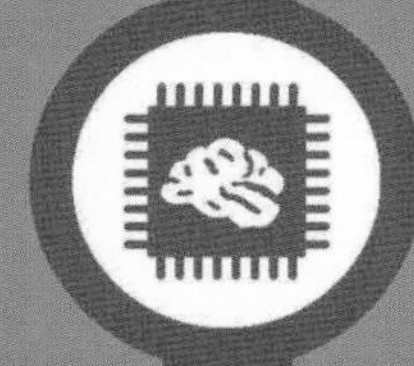

处理位置

计算机的"大脑"被称为处理器。处理器中的每个晶体管都能接收数字信号，即"1"和"0"。一个"1"是一个电流，"0"则没有电流。接收到数字信号之后，晶体管将其转换为一个新的信息位。

奇妙的运算

晶体管只需用这两个数字做非常简单的运算，就能创建新的信息位。它们的运算遵循一套奇异的规则，答案永远是1或0。0+1=1，0+0=0，还有1+1=1！每个晶体管的构造都适于做特定的计算，对输入数字执行加法、乘法，或是别的什么。无论算出什么答案，都发送给下一个晶体管。

逻辑的入口

晶体管是由砷等化学物质混合制成的。把这些化学物质放在一小片纯硅上，就可以组成一个微芯片。微芯片本身就已经集成了电路，所以并没有包裹着电线。其中的每一个组件都已连接，因为它们都是同一个硅片的一小部分。

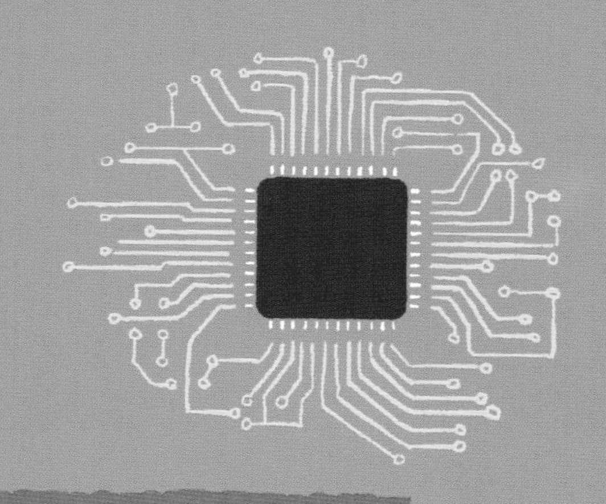

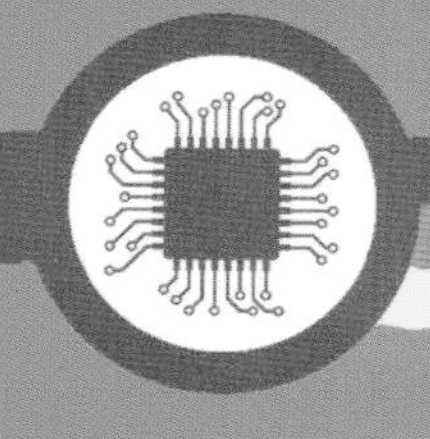

重要的毒药

在被用来制造硅芯片之前，砷的主要用途是制作毒药，园丁常用它消灭害虫，谋杀犯也会使用它，就连文艺复兴时期艺术作品上使用的金色颜料中也含有致命的砷。

完全冷却

来自爱尔兰的乔治·布尔，在1847年发明了用于计算机的数学。一个寒冷的雨天，他在结束大学工作后步行了很久，回家之后就因发烧而卧床不起。他的妻子决定尝试以毒攻毒的方法，把一桶冷水泼在了乔治·布尔的身上。不幸的是，布尔几天后去世了，享年49岁。

沿线前进！

发明家们为我们带来了聪明的计算机、电话和广播。但是，我们为什么不把这些家伙全都连接在一起呢?

通信网络

1940年，一位美国工程师尝试用电话线控制计算机，这就是计算机网络的雏形。我们今天所用的互联网，就是由许多个计算机网络组成的庞大网络，它连接的各种小装置比地球上的人还多。

诞生于战火

互联网是美国军队发明的，他们希望在战争期间能够保证通信畅通。在战争中，只要有一根损坏的电话线，就可能使许多基地的联系中断。因此，他们发明了一个系统，在系统中，信息被分成许多“包”，每个包都可以自行寻找路径穿过网络。如果一条路不通，这个“包”就会尝试另一条路。

关于@

随着互联网的发展，电子邮件也应运而生。电子邮件地址由两部分组成，前面的部分代表用户名，后面的部分显示邮件来自于哪个域名，地址的两个部分用一个“@”符号分隔。“@”符号发明于很久以前，是法语单词“à”的速写形式，意思是“在”。

保持连接

互联网仍然使用老式的铜质电话线传输，但也开始使用“光导纤维”传输，这是一种数据传输量更大的传输方法。这种方法是让激光脉冲穿行于柔韧的玻璃腔中，以此传递信号，每条消息的传输速度几乎和光速一样快。

闪闪发光的构造

光导纤维是一种很特殊的材料，它能让激光在其内部反射，却不会从中泄漏出来。女人们喜爱的钻石也具有这种构造，光线在钻石内部多次反射后从顶部射出，令钻石显得璀璨夺目。

接入

1969年，只有几所大学的网络接入了互联网。20世纪90年代前后，世界各地的电话网络开始相继接入互联网。电话线既可以传输“电子版”的声波，也可以发送计算机中的数据。这些数据在被转换成尖厉的声波之后，便可以作为电话信号发送出去。

沿线前进！

互联网让人与人之间的联系比任何时候都更加紧密，但是这也意味着我们每个人的隐私面临暴露的危险。小心，前方有黑客！

电话大盗和黑客们

很多人使用电话、计算机发送消息，但他们并不清楚这些设备是如何工作的。然而，黑客们却一清二楚，还能从中窃取信息。

私人线路

互联网信息是加密的，密码是一个非常大的数字，由两个较小的数字相乘而得。如果你要和朋友互发消息，你可以设置一个密码数字并发给他，他将用这个密码给自己的消息加密。任何人都可能偷窥他的消息，但是小偷必须知道你的两个起始数字才能读出消息。想要破解加密的消息，一台计算机需要连续运行几个世纪。拥有正确数字的你，却能立刻解码朋友的消息。

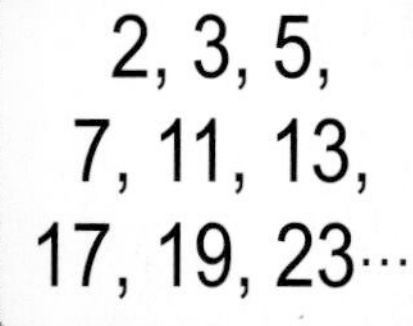

素数

用于加密消息的数字都是较小的素数。素数非常特别，因为它只能被自身或1整除。迄今为止，已经发现的最大素数长达2,200多万位。

吹哨子

在黑客出现之前，还曾经出现过电话大盗，他们能够破解电话系统的密码。第一个电话大盗是美国人约翰·德雷珀。他从麦片盒里找到一个玩具哨子，这个哨子可以发出与电话控制系统相同的音调。通过对电话吹哨子，他就能打免费电话！

“*”键和“#”键

除了数字键之外，电话上还有一个“*”键和一个“#”键。它们原本是用来向电话控制系统发送指令的，但现在也有其他用途了。“#”能够帮助我们进行互联网搜索，也被称为哈希标记。

有颜色的帽子

黑客们所掌握的计算机技术，可以用来做好事，也能用来作恶。做坏事的黑客被称为黑帽子黑客，而做好事的黑客被称为白帽子黑客，他们致力于保护计算机网络。在早年的黑白西部电影中，英雄总戴着一顶白色牛仔帽，他的敌人们却戴着黑帽子。

沿线前进！

我们以前用无线电系统和电话通信，然后又将目光转移到计算机上。现在，我们又重新拾起无线电系统和电话了。

有软键盘的智能屏幕

今天的电话，与你爸爸妈妈小时候的电话大不一样。那时的有线电话只能安装在一个固定的地方使用，而且只可以打电话和接电话，现代电话却可以被随身携带，并且能做很多事情！

蜂窝塔可以安装在屋顶、高塔甚至一棵树上！

蜂窝网络

一部手机其实就是一个无线电台。不过，手机的无线电信号并不在通话双方之间直接传递。手机发出的信号先是被附近的一座蜂窝塔接收，然后再通过蜂窝无线电网络传送。无论对方身处何方，都能从最靠近自己的某座蜂窝塔那里接收到信号。

掌上互联网

现代电话还可以处理电子邮件、短信、视频，访问因特网和导航。在我们看来，尽管这些应用非常不同，但它们对于手机来说却是一样的，都是通过一连串的“1”和“0”来实现的。

维京国王

用于手机的无线电技术被称为“蓝牙”，它能实现短距离通信。它是以一位维京国王的名字来命名的，这位维京国王把人民团结在一起，就像无线电系统把电话和计算机连接在一起那样。

触摸屏幕

没人想给自己的手机接上键盘、鼠标和显示屏，而是希望手机所有的操作都能在屏幕上完成。手机屏幕就是一个电容器，当你触摸它的时候，一股微小的电流渗入你的手指，并且告诉手机你正在触摸什么位置，屏幕就会显示你需要的东西。

液晶

过去的智能手机大部分是液晶屏。液晶是一类化学质，它在通电时能阻挡光线不通电时允许光线透过。智手机屏幕依照某个图案给液通上电，你就能看到由亮点暗点组成的相同图案。

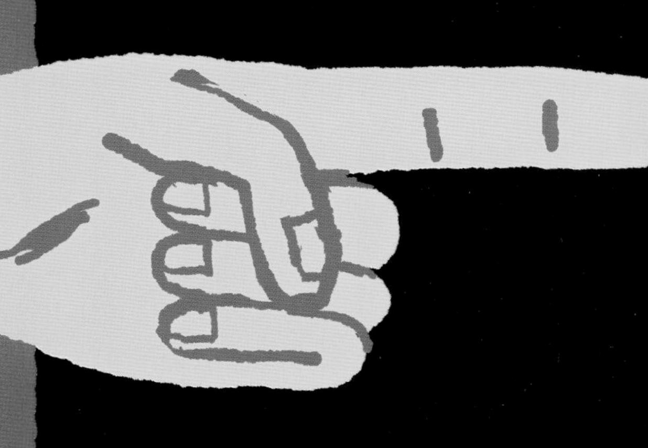

数码相机

智能手机内部有一台像素高达800万以上相机，所以，用它拍出来的照片都有800万以上个彩色像素点。位于智利的超大望远镜将于2024年启用，它拥有一台像素超过30亿的相机！

沿线前进！

无线电技术并不只存在于我们的手机中，而是无所不在！我们的家里甚至也有一个小型无线电台。

无线的世界

无线电连接意味着我们的通信不再需要电线。未来必然是属于无线的！

我们从手机、计算机和数字收音机中获得了优美的音乐。

是什么和为什么

在手机、个人计算机及互联网时代之前，每一个家庭都想要一台高保真（Hi-Fi）音响。高保真的意思是声音要高度还原，高保真音响播放出的音乐是最棒的音乐。然而，我们如今都想要Wi-Fi，而不再追捧Hi-Fi，因为Wi-Fi可以让无线计算机网络覆盖你的家。

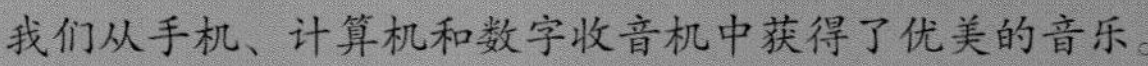

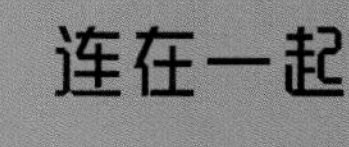

连在一起

用路由器把Wi-Fi接入互联网之后，无线信号就能广播到整个房间啦！你可以用任何东西连接无线信号：手机、电视、计算机、电子阅读器、游戏机、中央供暖系统，当然还有高保真音响！路由器将这些东西连接起来，也将它们连入互联网。

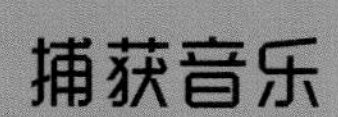

捕获音乐

第一台录音机把音乐存储在蜡质的圆柱上。后来，人们改用虫胶唱片存储音乐。虫胶是一种树脂，产自一种吸食树液的昆虫——紫胶虫。

物联网

今天，我们正在建立“物品的互联网”，简称“物联网”。因特网只连接计算机和手机，而物联网将会把冰箱、交通信号灯、小汽车、商店和公共汽车等物品相互连接起来。

我想你应该打999！

互联网卫生间

或许有一天，你的卫生间也会连入互联网。坐在马桶上可以称体重，传感器能分析你的尿液和粪便。它随后会建议你购买更健康的食物，甚至在紧急情况下叫一辆救护车！

沿线前进！

别停下来！让我们看看未来人类的技术将会如何发展！

寻找黑洞

澳大利亚工程师约翰·奥沙利文于1996年发明了Wi-Fi，以前，无线电波在室内会到处反射，造成混乱，Wi-Fi就能解决这种混乱。

展望未来

从我们的祖先认为雷声和闪电是众神在天堂打架的声音开始，我们已经走过了很长的路。但是，未来还有更多的发现和发明等待着我们。

用心灵上网

通过对死青蛙腿和肌肉的研究，我们发现了电流运行的第一条线索——电能在生物体中流动！我们的大脑中也流动着电，脑电图仪可以帮助我们观察大脑的电流活动。也许有一天，我们的大脑也将连入互联网，那时候，我们或许能通过心灵感应在互联网上互相交流。

收到一段脑电波

德国士兵汉斯·贝尔格于1924年发明了脑电图仪。他的姐姐住在许多公里之外，却感受到了他的恐惧并赶了过来，以确认弟弟是否安然无恙。在那之后，汉斯·贝尔格制作了脑电图仪，以寻找他姐姐这种“灵异能量”的来源。

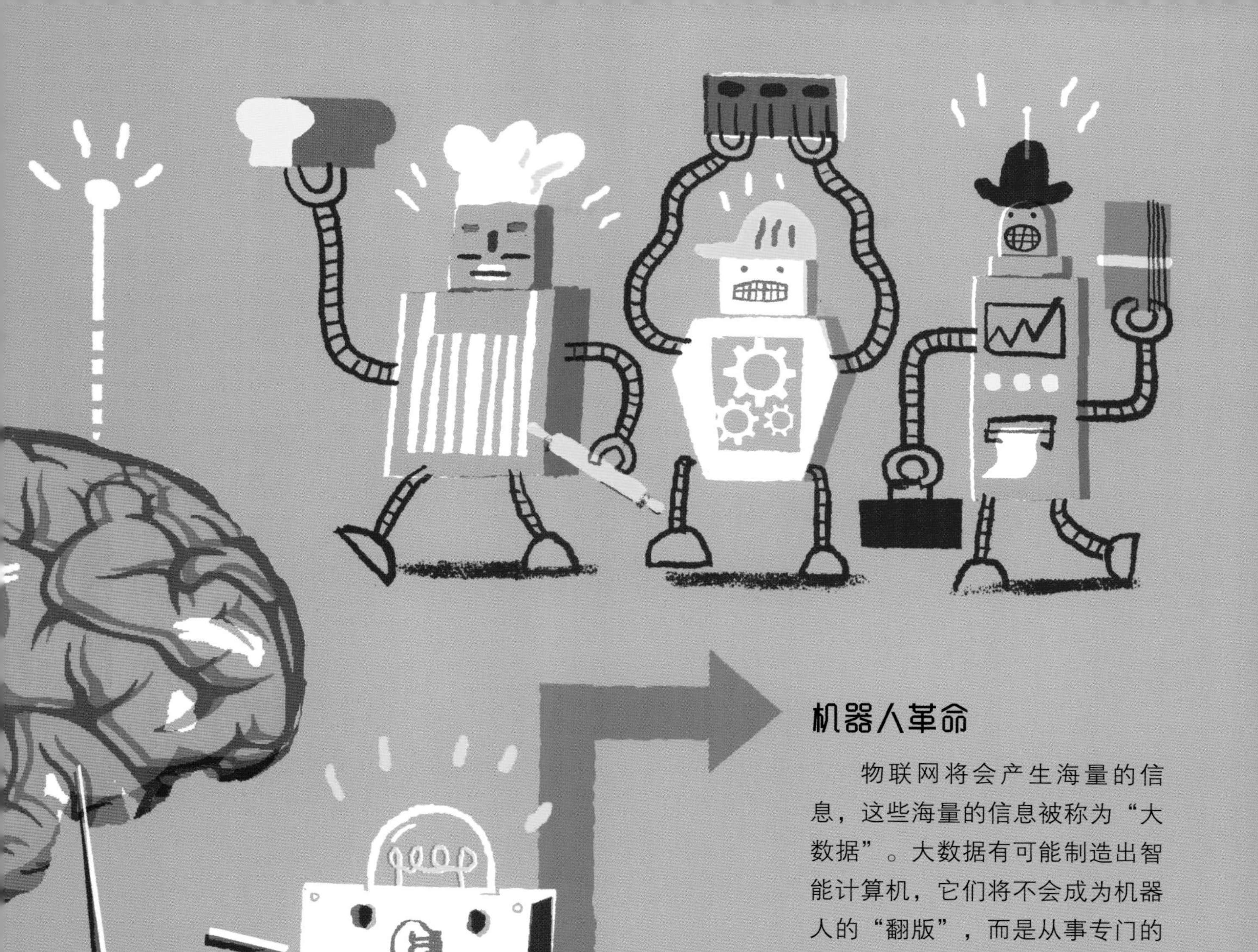

机器人革命

物联网将会产生海量的信息，这些海量的信息被称为“大数据”。大数据有可能制造出智能计算机，它们将不会成为机器人的“翻版”，而是从事专门的工作。它们不仅会做得非常出色，而且从不需要休息。

让机器人代替你

在泰坦尼克号所在的时代，人们不得不进行充满危险的商务旅行。在无线网络的世界里，我们可以通过远程控制机器人来替代我们从事危险的工作。你的脸会出现在机器人的屏幕上，你可以在办公室、朋友的家中乃至一场聚会上控制它，就像你自己在现场一样。

沿线前进！

大体上，这些就是我们得到的答案。无线电波、电、磁、光，它们都是电磁这种自然现象的一部分。我们已经花了两千多年的时间来研究它了，从中得到的知识完全改变了世界。现在是沿线继续前进的时候了。你认为未来人类的技术会走向何方？

时间线

回顾一下我们这条线吧，你能不能找到线上的某一环节？

**最初：
闪电来袭！**

闪电是暴风雨中生成的巨大电火花，人们花费很长时间才弄清了它们的来历。

**公元前300年：
科学诞生**

古希腊哲学家们认为闪电是从空气中分离出的火焰，这个观点标志着人们开始科学地研究电了！

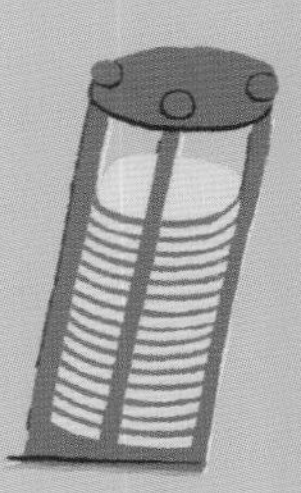

**1799年：
第一个电池**

亚历山德罗·伏特建造了一个金属堆，这个金属堆能通过化学反应产生电流，世界上第一个电池由此诞生了。

**1780年：
让青蛙起死回生？**

路易吉·加尔瓦尼发现，当有电流通过的时候，死青蛙的腿就会抽动。科学家认为电可能是动物的生命力之源。电能够让我们起死回生吗？

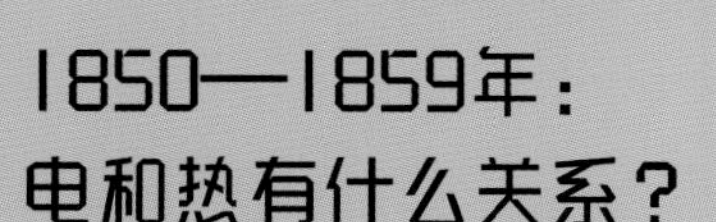

**1850—1859年：
电和热有什么关系？**

给元素通上电，便能产生彩色的光，如果把这些元素燃烧，它们就能够生成同样颜色的火焰。这表明光和热都与电有联系。

1862年：找出联系

詹姆斯·克拉克·麦克斯韦指出，光和热辐射都是一种波，而且预言了世界上还存在很多种不可见射线。

**1880—1890年：
应用无线电波**

海因里希·赫兹利用电火花产生了看不见的无线电波，古列尔莫·马可尼则开发了一个利用无线电波远距离传送信息的系统。

1661年：第一台静电发电机

奥托·冯·居里克对一个硫黄球进行摩擦，硫黄球产生了强大的电火花。

1705年：世界上第一个灯泡

弗朗西斯·霍克斯比用空心玻璃球代替了硫黄球，这些玻璃球带电之后能在黑暗中发光。

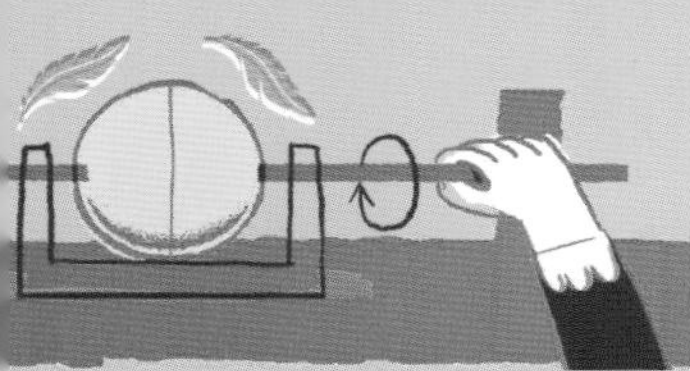

1745年：用玻璃瓶储存电荷

彼得·范·米森布鲁克收集来自静电发电机的电荷并将其装入了一个玻璃瓶中，这种装置被称为莱顿瓶。

1740—1749年：导电与绝缘

斯蒂芬·格雷用弗朗西斯·霍克斯比的机器使一名男孩带电。这个实验表明，生活中的有些材料可以传导电流，而有些材料却能阻挡电流。

1950年以后：走向数字化

人类将通信信号转换为数字，为一次发送更多信息带来了可能。大量计算机通过电话网络相互连接在一起，形成了互联网。

未来是什么？

我们现在拥有集电话、无线电设备和计算机于一体的设备，可以发送和接收所有类型的数字信息。在不久的未来，它将会把我们带向何方呢？

词汇表

半导体：导电能力比导体弱，但比绝缘体强的物质。

变压器：利用电磁感应的原理来改变交流电压的装置。

波长：相邻的两个波峰或两个波谷之间的距离。

磁场：能够传递物体间磁力作用的场。

大气层：包围在地球外部的气体层。

导电：让电荷通过，形成电流。

导体：具有较强导电能力的物体，拥有大量能够自由移动的带电粒子。

等离子体：物质的高温电离状态，具有很强的导电性。

电：由电荷运动产生的一种自然现象。

电报：用电信号传输文字、图片等的通信方式。

电池：能把化学能或光能变成电能的装置。

电磁学：研究电和磁交互关系的学科，是物理学的一个分支。

电荷：物体所带的正电或负电，异种电荷相互吸引，同种电荷相互排斥。

电流：电荷的定向流动。

电路：由电源、用电器、金属导线等连接而成的电流通路。

电容器：电路中用来容纳电荷的装置。

电子：构成原子的粒子之一，质量小，带负电，绕着原子核旋转。

发电机：把机械能等其他形式的能源转换为电能的机器。

分子：由原子组成的能够保持本物质一切化学性质的最小微粒。

黑曜石：火山喷发时形成的黑色晶体，具有玻璃的特征，敲碎后形成的断面十分锋利。

琥珀：古代松柏树脂的化石，呈淡黄色、褐色或红褐色，燃烧时有香气，摩擦时生电。

化石：古代生物的遗体、遗物或遗迹埋藏在地下后变成的像石头一样的东西。

加密：给计算机、电话等的有关信息编上密码，使不知道密码的用户无法使用。

交流电：方向和强度做周期性变化的电流。

晶体管：一种用晶体制成的电子元件，功能和电子管相同，具有轻便、抗震等优势。

静电：处于不流动状态的电荷，如摩擦所产生的电荷。

绝缘体：导电性较差的物体，如塑料、橡胶和玻璃等。

莱顿瓶：一种早期的电容器，用于储存大量电荷。

硫：一种能与氢、氧和大多数金属化合的非金属元素，可用来制造硫酸、火药和杀虫剂。

麻：取自于麻类植物的纤维，是纺织工业中的重要原料之一。

起搏器：一种植于皮肤之下的医疗器械，能够维持心脏跳动和正常心律。

石墨：一种灰黑色的矿物，是碳的同素异形体，具有硬度小、熔点高、导电性强等特性。

数字化：指在某领域的某方面全部采用数字信息处理技术。

丝：一种提取自昆虫或蜘蛛的细纤维，可以制成柔软的织物。

酸：一类电离时生成的正离子都是氢离子的化合物，其水溶液有酸味。

微芯片：排列在一个硅片上的一组微小电路。

卫星：沿一定的轨道围绕行星运行的天体。

延展性：某些物质易被锤打或轧平的特性，一些金属的延展性极好。

元素：在化学上，元素指具有相同核电荷数的同类原子。

原子：单质或化合物分子的最小组成单位。

真空：形容没有空气或空气很少的状态。

直流电：流动方向不随时间而改变的电流。

索引